战略前沿新技术
——太赫兹出版工程

丛书总主编／曹俊诚

14

上海出版资金项目
Shanghai Publishing Funds

陈麟　朱亦鸣　庄松林／编著

太赫兹表面等离激元现象及其应用

Terahertz Surface Plasmons and Its Applications

华东理工大学出版社
EAST CHINA UNIVERSITY OF SCIENCE AND TECHNOLOGY PRESS
·上海·

图书在版编目(CIP)数据

太赫兹表面等离激元现象及其应用 / 陈麟,朱亦鸣,
庄松林编著. —上海：华东理工大学出版社,2022.3
战略前沿新技术：太赫兹出版工程 / 曹俊诚总主编
ISBN 978-7-5628-6419-6

Ⅰ.①太… Ⅱ.①陈…②朱…③庄… Ⅲ.①电磁辐
射—等离子体物理学—研究 Ⅳ.①O441.4

中国版本图书馆 CIP 数据核字(2022)第 022479 号

内 容 提 要

本书主要论述了太赫兹表面等离激元现象的基本原理、调控方法、器件设计以及太赫兹超分辨成像应用等。全书共七章,包括第 1 章 THz 表面等离激元产生的物理机理及赝表面等离激元的概念引入;第 2 章激发 THz 表面等离激元和赝表面等离激元的方法及赝表面等离激元的传输特性;第 3 章金属平板波导结构中的 THz 波的传输及赝表面等离激元对 THz 的全反射;第 4 章半导体和金属光子晶体板结构中的表面等离激元引起的 THz 的透射增强;第 5 章赝局域表面等离激元的增强特性及在 THz 中的激发;第 6 章超表面中的等离激元实现太赫兹偏振转换和完美吸收;第 7 章太赫兹远场超分辨聚焦和散射式近场扫描显微成像技术。

本书可作为太赫兹领域科研人员和相关学科研究生的参考书和工具书,亦可供有关工程技术人员参考。

项目统筹 / 马夫娇 韩 婷
责任编辑 / 赵子艳
责任校对 / 张 波
装帧设计 / 陈 楠
出版发行 / 华东理工大学出版社有限公司
　　　　　地址：上海市梅陇路 130 号,200237
　　　　　电话：021-64250306
　　　　　网址：www.ecustpress.cn
　　　　　邮箱：zongbianban@ecustpress.cn
印　　刷 / 上海雅昌艺术印刷有限公司
开　　本 / 720mm×1000mm 1/16
印　　张 / 13.5
字　　数 / 352 千字
版　　次 / 2022 年 3 月第 1 版
印　　次 / 2022 年 3 月第 1 次
定　　价 / 278.00 元

太赫兹是频率在红外光与毫米波之间、尚有待全面深入研究与开发的电磁波段。沿用红外光和毫米波领域已有的技术,太赫兹频段电磁波的研究已获得较快发展。不过,现有的技术大多处于红外光或毫米波区域的末端,实现的过程相当困难。随着半导体、激光和能带工程的发展,人们开始寻找研究太赫兹频段电磁波的独特技术,掀起了太赫兹研究的热潮。美国、日本和欧洲等国家和地区已将太赫兹技术列为重点发展领域,资助了一系列重大研究计划。尽管如此,在太赫兹频段,仍然有许多瓶颈需要突破。

作为信息传输中的一种可用载波,太赫兹是未来超宽带无线通信应用的首选频段,其频带资源具有重要的战略意义。掌握太赫兹的关键核心技术,有利于我国抢占该频段的频带资源,形成自主可控的系统,并在未来 6G 和空-天-地-海一体化体系中发挥重要作用。此外,太赫兹成像的分辨率比毫米波更高,利用其良好的穿透性有望在安检成像和生物医学诊断等方面获得重大突破。总之,太赫兹频段的有效利用,将极大地促进我国信息技术、国防安全和人类健康等领域的发展。

目前,国内外对太赫兹频段的基础研究主要集中在高效辐射的产生、高灵敏度探测方法、功能性材料和器件等方面,应用研究则集中于安检成像、无线通信、生物效应、生物医学成像及光谱数据库建立等。总体说来,太赫兹技术是我国与世界发达国家差距相对较小的一个领域,某些方面我国还处于领先地位。因此,进一步发展太赫兹技术,掌握领先的关键核心技术具有重要的战略意义。

当前太赫兹产业发展还处于创新萌芽期向成熟期的过渡阶段,诸多技术正处于蓄势待发状态,需要国家和资本市场增加投入以加快其产业化进程,并在一些新兴战略性行业形成自主可控的核心技术、得到重要的系统应用。

"战略前沿新技术——太赫兹出版工程"是我国太赫兹领域第一套较为完整

的丛书。这套丛书内容丰富,涉及领域广泛。在理论研究层面,丛书包含太赫兹场与物质相互作用、自旋电子学、表面等离激元现象等基础研究以及太赫兹固态电子器件与电路、光导天线、二维电子气器件、微结构功能器件等核心器件研制;技术应用方面则包括太赫兹雷达技术、超导接收技术、成谱技术、光电测试技术、光纤技术、通信和成像以及天文探测等。丛书较全面地概括了我国在太赫兹领域的发展状况和最新研究成果。通过对这些内容的系统介绍,可以清晰地透视太赫兹领域研究与应用的全貌,把握太赫兹技术发展的来龙去脉,展望太赫兹领域未来的发展趋势。这套丛书的出版将为我国太赫兹领域的研究提供专业的发展视角与技术参考,提升我国在太赫兹领域的研究水平,进而推动太赫兹技术的发展与产业化。

我国在太赫兹领域的研究总体上仍处于发展中阶段。该领域的技术特性决定了其存在诸多的研究难点和发展瓶颈,在发展的过程中难免会遇到各种各样的困难,但只要我们以专业的态度和科学的精神去面对这些难点、突破这些瓶颈,就一定能将太赫兹技术的研究与应用推向新的高度。

中国科学院院士

2020 年 8 月

太赫兹频段介于毫米波与红外光之间,频率覆盖 0.1～10 THz,对应波长 3 mm～30 μm。长期以来,由于缺乏有效的太赫兹辐射源和探测手段,该频段被称为电磁波谱中的"太赫兹空隙"。早期人们对太赫兹辐射的研究主要集中在天文学和材料科学等。自 20 世纪 90 年代开始,随着半导体技术和能带工程的发展,人们对太赫兹频段的研究逐步深入。2004 年,美国将太赫兹技术评为"改变未来世界的十大技术"之一;2005 年,日本更是将太赫兹技术列为"国家支柱十大重点战略方向"之首。由此世界范围内掀起了对太赫兹科学与技术的研究热潮,展现出一片未来发展可期的宏伟图画。中国也较早地制定了太赫兹科学与技术的发展规划,并取得了长足的进步。同时,中国成功主办了国际红外毫米波-太赫兹会议(IRMMW‐THz)、超快现象与太赫兹波国际研讨会(ISUPTW)等有重要影响力的国际会议。

太赫兹频段的研究融合了微波技术和光学技术,在公共安全、人类健康和信息技术等诸多领域有重要的应用前景。从时域光谱技术应用于航天飞机泡沫检测到太赫兹通信应用于多路高清实时视频的传输,太赫兹频段在众多非常成熟的技术应用面前不甘示弱。不过,随着研究的不断深入以及应用领域要求的不断提高,研究者发现,太赫兹频段还存在很多难点和瓶颈等待着后来者逐步去突破,尤其是在高效太赫兹辐射源和高灵敏度常温太赫兹探测手段等方面。

当前太赫兹频段的产业发展还处于初期阶段,诸多产业技术还需要不断革新和完善,尤其是在系统应用的核心器件方面,还需要进一步发展,以形成自主可控的关键技术。

这套丛书涉及的内容丰富、全面,覆盖的技术领域广泛,主要内容包括太赫兹半导体物理、固态电子器件与电路、太赫兹核心器件的研制、太赫兹雷达技术、超导接收技术、成谱技术以及光电测试技术等。丛书从理论计算、器件研制、系统研发到实际应用等多方面、全方位地介绍了我国太赫兹领域的研究状况和最新成果,清晰地展现了太赫兹技术和系统应用的全景,并预测了太赫兹技术未来的发展趋势。总之,这套丛书的出版将为我国太赫兹领域的科研工作者和工程技术人员等从专业的技术视角提供知识参考,并推动我国太赫兹领域的蓬勃发展。

太赫兹领域的发展还有很多难点和瓶颈有待突破和解决,希望该领域的研究者们能继续发扬一鼓作气、精益求精的精神,在太赫兹领域展现我国科研工作者的良好风采,通过解决这些难点和瓶颈,实现我国太赫兹技术的跨越式发展。

中国工程院院士

2020 年 8 月

太赫兹领域的发展经历了多个阶段，从最初为人们所知到现在部分技术服务于国民经济和国家战略，逐渐显现出其前沿性和战略性。作为电磁波谱中最后有待深入研究和发展的电磁波段，太赫兹技术给予了人们极大的愿景和期望。作为信息技术中的一种可用载波，太赫兹频段是未来超宽带无线通信应用的首选频段，是世界各国都在抢占的频带资源。未来 6G、空-天-地-海一体化应用、公共安全等重要领域，都将在很大程度上朝着太赫兹频段方向发展。该频段电磁波的有效利用，将极大地促进我国信息技术和国防安全等领域的发展。

与国际上太赫兹技术发展相比，我国在太赫兹领域的研究起步略晚。自2005 年香山科学会议探讨太赫兹技术发展之后，我国的太赫兹科学与技术研究如火如荼，获得了国家、部委和地方政府的大力支持。当前我国的太赫兹基础研究主要集中在太赫兹物理、高性能辐射源、高灵敏探测手段及性能优异的功能器件等领域，应用研究则主要包括太赫兹安检成像、物质的太赫兹"指纹谱"分析、无线通信、生物医学诊断及天文学应用等。近几年，我国在太赫兹辐射与物质相互作用研究、大功率太赫兹激光源、高灵敏探测器、超宽带太赫兹无线通信技术、安检成像应用以及近场光学显微成像技术等方面取得了重要进展，部分技术已达到国际先进水平。

这套太赫兹战略前沿新技术丛书及时响应国家在信息技术领域的中长期规划，从基础理论、关键器件设计与制备、器件模块开发、系统集成与应用等方面，全方位系统地总结了我国在太赫兹源、探测器、功能器件、通信技术、成像技术等领域的研究进展和最新成果，给出了上述领域未来的发展前景和技术发展趋势，将为解决太赫兹领域面临的新问题和新技术提供参考依据，并将对太赫兹技术的产业发展提供有价值的参考。

本人很荣幸应邀主编这套我国太赫兹领域分量极大的战略前沿新技术丛书。丛书的出版离不开各位作者和出版社的辛勤劳动与付出，他们用实际行动表达了对太赫兹领域的热爱和对太赫兹产业蓬勃发展的追求。特别要说的是，三位丛书顾问在丛书架构、设计、编撰和出版等环节中给予了悉心指导和大力支持。

　　这套丛书的作者团队长期在太赫兹领域教学和科研第一线，他们身体力行、不断探索，将太赫兹领域的概念、理论和技术广泛传播于国内外主流期刊和媒体上；他们对在太赫兹领域遇到的难题和瓶颈大胆假设，提出可行的方案，并逐步实践和突破；他们以太赫兹技术应用为主线，在太赫兹领域默默耕耘、奋力摸索前行，提出了各种颇具新意的发展建议，有效促进了我国太赫兹领域的健康发展。感谢我们的丛书编委，一支非常有责任心且专业的太赫兹研究队伍。

　　丛书共分 14 册，包括太赫兹场与物质相互作用、自旋电子学、表面等离激元现象等基础研究，太赫兹固态电子器件与电路、光导天线、二维电子气器件、微结构功能器件等核心器件研制，以及太赫兹雷达技术、超导接收技术、成谱技术、光电测试技术、光纤技术及其在通信和成像领域的应用研究等。丛书从理论、器件、技术以及应用等四个方面，系统梳理和概括了太赫兹领域主流技术的发展状况和最新科研成果。通过这套丛书的编撰，我们希望能为太赫兹领域的科研人员提供一套完整的专业技术知识体系，促进太赫兹理论与实践的长足发展，为太赫兹领域的理论研究、技术突破及教学培训等提供参考资料，为进一步解决该领域的理论难点和技术瓶颈提供帮助。

　　中国太赫兹领域的研究仍然需要后来者加倍努力，围绕国家科技强国的战略，从"需求牵引"和"技术推动"两个方面推动太赫兹领域的创新发展。这套丛书的出版必将对我国太赫兹领域的基础和应用研究产生积极推动作用。

曹俊诚

2020 年 8 月于上海

前言

　　太赫兹表面等离激元在太赫兹光学的实现和应用中发挥着重要作用,成为近年来科学界的研究热点。这项技术涉及半导体技术、波导技术等多个方面,对太赫兹表面等离激元现象的研究还扩展到表面光刻、生物传感、超聚焦和近场扫描显微等领域,是一项理论和实际相结合的交叉学科技术。人们对太赫兹表面等离激元的研究热潮始于21世纪初期发现的周期结构金属表面可支持低频波段赝表面等离激元从而实现对太赫兹波的亚波长束缚这一重要现象,随着表面等离子频率被降低到太赫兹频段以后,太赫兹等离子光学(Terahertz Plasmonics)也应运而生,并在太赫兹集成、生物传感和表面近场等领域获得应用,显示了其强大的生命力。为此,有必要将散乱的研究成果加以分析、总结,编辑成一本学术著作。

　　本书从表面等离激元的形成原因和物理图像出发,结合笔者课题组在太赫兹频段表面等离激元现象的研究成果和经验,主要介绍太赫兹频段(赝)表面等离激元和局域(赝)表面等离激元的激发和传输所涉及的基本理论和物理机理、基于太赫兹表面等离激元现象的重要功能器件以及太赫兹表面等离激元现象在近场超分辨技术方面的重要应用。本书的主要目的一方面是对太赫兹表面等离子现象及相关器件原理的介绍,另一方面是起到抛砖引玉的作用。东南大学崔铁军教授、天津大学张伟力教授、新加坡南洋理工大学 Ranjan Singh 教授、中国矿业大学沈晓鹏教授等在科学研究过程中给予了笔者长期的指导与帮助,笔者对他们表示衷心的感谢。

　　本书共包括七章内容,分别介绍了太赫兹频段(赝)表面等离激元的产生原理及束缚特性和传导特性、太赫兹金属波导功能器件、产生表面等离激元共振的金属光子晶体、赝局域表面等离激元、基于表面等离激元共振的太赫兹功能器件以及太赫兹表面等离激元远场和近场超分辨技术及其应用等。希望通过对太赫兹频段(赝)表面等离子波现象的归纳和总结,为太赫兹技术在信息科学、生物医学、集成芯片等领域的应用提供技术基础。

在本书撰写过程中,上海理工大学太赫兹技术创新研究院的臧小飞教授和游冠军教授为本书的第6、7章提供了很多的素材,同时,我的学生殷恒辉、葛一凡、廖登高、刘波、王丽霞、涂德骅、周吉、孙元宝、朱文泉、沈文玮、付文凤等为本书做了大量的文献收集、数据整理、图表绘制等工作,在此向他们表示衷心的感谢!

由于太赫兹表面等离激元涉及的学科较广,加之目前处于多种技术交叉研究阶段,数据更新较快,同时限于笔者的知识、能力,书中难免存在疏漏与不足之处,敬请同行与读者批评指正。

陈　麟

2020 年 9 月于上海

Contents

目 录

1

太赫兹表面等离激元

1.1 引言

表面等离激元(Surface Plasmon Polaritons,SPPs)是金属表面的自由电子和入射波相互作用后发生的集体振荡。对于这一现象的研究最早可以追溯到 1902 年,Wood 发现金属光栅的异常反射现象,被称为 Wood's Anomalies。1941 年,Fano 将这一现象与 Zenneck 和 Sommerfeld 在 1899—1909 年提出的表面电磁波联系起来,解释了 Wood's Anomalies。1957 年,Ritchie 提出了金属等离子体概念,证明了等离子波可存在于金属表面的设想。1959 年,Powell 和 Swan 用高能电子照射金属片,观察到强吸收现象,并在实验上通过电子的非弹性散射现象验证了金属表面等离子模式。1960 年,Stern 和 Farrell 给出了金属表面与等离子体相互耦合的特殊电磁模式色散关系,首次提出了表面等离子体共振概念。1968 年,Otto 和 Kretschmann 先后提出了光频段 SPPs 的全反射棱镜激发方法,对 SPPs 的应用起到了重要的作用。1974 年,Cunningham 等系统总结了 SPPs 理论。

SPPs 的产生是由于光子与导体(通常是金属或高掺杂半导体)中的自由电子发生相互作用而被表面俘获,自由电子和光波相互作用产生持续的共振振荡,使光的波矢发生改变,从而被局限在导体表面传播。在垂直于表面的传播方向上,电磁场场强指数衰减,能量不能从表面逃逸。这种表面电荷振子与光波电磁场之间的共振作用形成的 SPPs 具有独特的性质。SPPs 在纳米级的光导和操作、单分子水平的生物检测、亚波长孔径的增强光学传输,以及超衍射极限的高分辨率光学成像等领域应用广泛。

金属能在近红外和光波频段呈现出等离子体(Plasma)的性质,使得金属表面存在 SPPs。而在低频波段[如微波、太赫兹(THz)],金属的介电常数趋于无穷大,近似完美电导体。当电磁波遇到完美电导体时会被反射而无法进入导体内部,所以此时金属表面对电磁波的束缚非常弱(这种表面电磁模式称为 Zenneck 波或 Sommerfeld 波),无法形成 SPPs。

为了实现低频波段的强束缚表面波,早在 20 世纪 50 年代 Goubau 等就提出了通过褶皱金属表面的方式来支持表面波的传播。2004 年,英国帝国理工学院的 Pendry 进一步在一维金属凹槽和二维周期孔阵列结构上证实了表面波的存在,这种表面波有着与 SPPs 类似的色散关系和亚波长束缚特性,类比光频段的 SPPs,因此被称为赝表面等离激元(Spoof Surface Plasmon Polaritons, SSPPs)。通过将亚波长槽/孔的结构化表面视为一层介电常数 $\varepsilon(\omega)$ 的等离子体媒质,则它的等离子体频率 ω_p、色散关系、截止频率都可以通过槽/孔的几何尺寸来进行调节。这种通过亚波长结构来模拟的等效媒质可实现 SSPPs 的聚焦、慢波、能量捕获、传感和偏振转换等功能。

在本章中,我们先介绍金属在 SPPs 中的性质及光频段的 SPPs 效应,然后介绍 THz 频段的 SSPPs 效应的机理及应用。

1.2 导体平板上的表面等离子波

1.2.1 金属在表面等离子波中的性质和介电常数

SPPs 是指在金属表面存在的自由振动的电子与光子相互作用产生的沿着金属表面传播的电子疏密波。众所周知,在低频的条件下,金属中的电磁场以迅衰场的形式存在,可以认为金属是理想的导体。在可见光和近红外区域,其复介电常数的实部相对于虚部是一个非常大的负数。正因为金属具有这样的光学属性,使得金属和介质的界面处可以传输 SPPs,另外夹于两介质中间的金属薄膜可以被用来传输长程 SPPs。

金属的良导体属性,与它极高的电导率有关,一般而言,材料的光学性质可以由介电常数这个物理量完整描述。金属作为一种色散材料,其介电常数与入射光的频率紧密关联,表现出明显的色散性质。因此,针对金属材料,我们需要建立合适的色散模型对其光学性质进行描述。

由于金属中存在大量可以自由移动的电子,我们通过利用基于自由电子气体的模型[德鲁德(Drude)模型]来推导金属介电常数的表达式。Drude 模型是 1902 年由 P. Drude 提出的。这个模型描绘的物理图像是金属中的自由电子与其他电子或者原子核之间的电磁场间不存在任何相互作用,金属的物理性质完全由自由电子运动和外加电磁场相互作用决定。当受到外加电磁场作用时,电子在牛顿运动定律的制约下运动。另外,电子的运动将会受到晶体中的原子核、杂质或晶格缺陷产生弹性碰撞等的影响而被散射至其他方向。假设电子质量为 m,电荷为 $-e$,在外电场 E 中运动,则电子的运动方程表示为以下形式:

$$m \frac{\mathrm{d}x^2}{\mathrm{d}^2\tau} + m\gamma \frac{\mathrm{d}x}{\mathrm{d}\tau} = -eE \qquad (1-1)$$

式中,γ 是电子振动的阻尼系数,也称为碰撞频率,用来描述电子之间碰撞的概率,一般取值为 $10^{13} \sim 10^{14}$ s^{-1},折合到频率为 $1.6 \times 10^{12} \sim 1.6 \times 10^{13}$ Hz;$\tau = 1/\gamma$,为自由电子的弛豫时间。

假设外场是时谐场,即 $E = E_0 e^{-i\omega\tau}$,上述运动方程解的形式为 $x = x_0 e^{-i\omega\tau}$,代入式(1-1)不难得到

$$x = \frac{e}{m(\omega^2 + i\omega\gamma)}E \qquad (1-2)$$

所有自由电子在外场作用下的诱导偶极矩 $\boldsymbol{P} = n \cdot (-ex)$ 表示为

$$\boldsymbol{P} = -\frac{ne^2}{m(\omega^2 + i\omega\gamma)}\boldsymbol{E} \qquad (1-3)$$

根据 $\boldsymbol{D} = \varepsilon_0\boldsymbol{E} + \boldsymbol{P}$,可以求得电位移矢量为

$$\boldsymbol{D} = \varepsilon_0\left(1 - \frac{\omega_p^2}{\omega^2 + i\omega\gamma}\right)\boldsymbol{E} \qquad (1-4)$$

式中,$\omega_p^2 = (ne^2)/(m\varepsilon_0)$ 为自由电子气体的等离子体频率。因此,我们可以得到金属介电常数的表达式:

$$\varepsilon_m = 1 - \frac{\omega_p^2}{\omega^2 + i\omega\gamma} \qquad (1-5)$$

值得注意的是,这种简单的 Drude 模型在低频下能够很好地与实验数据值吻合。在高频段(如紫外波段),$\omega \gg \omega_p$,由于存在能带间电子跃迁,Drude 模型误差极大。此时,考虑到带间跃迁的影响,需要引入 Lorentz‐Drude 模型进行修

正,并引入无穷大频率处的介电常数 ε_∞。

$$\varepsilon_{\text{m}}=\varepsilon_\infty-\frac{\omega_{\text{p}}^2}{\omega^2+\text{i}\omega\gamma} \tag{1-6}$$

1.2.2 SPPs 及色散方程

SPPs 正是由金属的特殊光学性质决定的。它是在介电常数完全相反的两种材料的交界面上(在光波段通常指金属-介质交界面),自由电子与入射场相互作用产生的一种电磁模式,如图 1-1 所示。可从最基本的麦克斯韦(Maxwell)方程组入手,对它的物理机制进行了解,并对 SPPs 的色散关系进行公式推导。

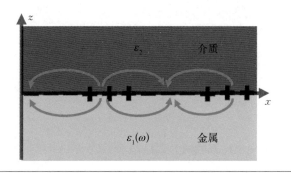

图 1-1
半无限大的金属-介质交界面表面等离激元的产生

考虑到两个半无限大的交界面(图 1-1),上半部分空间 $(z>0)$ 是介电常数为 ε_2 的电介质,下半部分空间 $(z<0)$ 是介电常数为 $\varepsilon_1(\omega)$ 的金属。交界面上形成的 SPPs 电磁波,沿 x 方向传播,在垂直于界面的 z 方向上呈指数衰减。

假设电磁波的电场是 TM 极化(p 波,即电场 E 在 x 和 z 方向上均有分量,磁场 H 只有在垂直于纸面的 y 方向上有分量)的情况,上半区 $(z>0)$ 的电场和磁场可表示为

$$\boldsymbol{H}_y(z)=A_2\text{e}^{\text{i}\beta x}\text{e}^{-k_2z} \tag{1-7a}$$

$$\boldsymbol{E}_x(z)=\text{i}A_2\frac{1}{\omega\varepsilon_0\varepsilon_2}\boldsymbol{k}_2\text{e}^{\text{i}\beta x}\text{e}^{-k_2z} \tag{1-7b}$$

$$\boldsymbol{E}_z(z)=-\text{i}A_1\frac{\boldsymbol{\beta}}{\omega\varepsilon_0\varepsilon_2}\text{e}^{\text{i}\beta x}\text{e}^{-k_2z} \tag{1-7c}$$

下半区 $(z<0)$ 的电场和磁场可表示为

$$\boldsymbol{H}_y(z)=A_1\,\mathrm{e}^{\mathrm{i}\boldsymbol{\beta}x}\,\mathrm{e}^{\boldsymbol{k}_1z} \tag{1-8a}$$

$$\boldsymbol{E}_x(z)=-\mathrm{i}A_1\,\frac{1}{\omega\varepsilon_0\varepsilon_1}\boldsymbol{k}_2\,\mathrm{e}^{\mathrm{i}\boldsymbol{\beta}x}\,\mathrm{e}^{\boldsymbol{k}_1z} \tag{1-8b}$$

$$\boldsymbol{E}_z(z)=-\mathrm{i}A_1\,\frac{\boldsymbol{\beta}}{\omega\varepsilon_0\varepsilon_1}\mathrm{e}^{\mathrm{i}\boldsymbol{\beta}x}\,\mathrm{e}^{\boldsymbol{k}_1z} \tag{1-8c}$$

式中，$\boldsymbol{k}_1$、$\boldsymbol{k}_2$ 是沿 z 方向的波矢量，它的倒数决定了电磁波在 z 方向上的衰减长度，可用来表征电磁波的束缚程度；$\boldsymbol{\beta}$ 是电磁波沿交界面(x 方向)的波矢量。

根据电磁波的连续性边界条件，在交界面处 $(z=0)$ 的 $\boldsymbol{E}_x(z)$ 和 $\boldsymbol{H}_y(z)$ 连续：

$$A_1=A_2 \tag{1-9a}$$

$$\frac{\boldsymbol{k}_2}{\boldsymbol{k}_1}=-\frac{\varepsilon_2}{\varepsilon_1} \tag{1-9b}$$

由于表面波在垂直交界面的方向上是指数衰减，则必须满足 $\boldsymbol{k}_1>0$、$\boldsymbol{k}_2>0$ 的条件，因此要使式(1-9b)成立，则需要满足 ε_2 和 ε_1 的符号相反，例如光频段内的金属与介质。将上面的 $\boldsymbol{H}_y$ 代入波动方程

$$\frac{\partial^2\boldsymbol{H}_y}{\partial z^2}+(\boldsymbol{k}_0^2\varepsilon-\boldsymbol{\beta}^2)\boldsymbol{H}_y=0 \tag{1-10}$$

可得

$$\boldsymbol{k}_1^2=\boldsymbol{\beta}^2-\boldsymbol{k}_0^2\varepsilon_1 \tag{1-11a}$$

$$\boldsymbol{k}_2^2=\boldsymbol{\beta}^2-\boldsymbol{k}_0^2\varepsilon_2 \tag{1-11b}$$

最后可以得到半无限大的金属-介质交界面上 SPPs 的色散关系：

$$\boldsymbol{\beta}=\boldsymbol{k}_0\sqrt{\frac{\varepsilon_1\varepsilon_2}{\varepsilon_1+\varepsilon_2}} \tag{1-12}$$

类似地，对于电磁波的电场是 TE 极化(s 波，即磁场 $\boldsymbol{H}$ 在 x 和 z 方向上均有分量，电场 $\boldsymbol{E}$ 只有在垂直于纸面的 y 方向上有分量) 的情况，上半区 $(z>0)$ 的

电场和磁场可表示为

$$\boldsymbol{E}_y(z) = A_2 e^{i\beta x} e^{-k_2 z} \tag{1-13a}$$

$$\boldsymbol{H}_x(z) = -iA_2 \frac{1}{\omega\mu_0} \boldsymbol{k}_2 e^{i\beta x} e^{-k_2 z} \tag{1-13b}$$

$$\boldsymbol{H}_z(z) = iA_1 \frac{\boldsymbol{\beta}}{\omega\mu_0} e^{i\beta x} e^{-k_2 z} \tag{1-13c}$$

下半区($z < 0$)的电场和磁场可表示为

$$\boldsymbol{E}_y(z) = A_1 e^{i\beta x} e^{k_1 z} \tag{1-14a}$$

$$\boldsymbol{H}_x(z) = iA_1 \frac{1}{\omega\mu_0} \boldsymbol{k}_2 e^{i\beta x} e^{k_1 z} \tag{1-14b}$$

$$\boldsymbol{H}_z(z) = iA_1 \frac{\boldsymbol{\beta}}{\omega\mu_0} e^{i\beta x} e^{k_1 z} \tag{1-14c}$$

同样根据电磁波的连续性边界条件,在交界面处($z=0$)的切向电场和磁场连续,即 $\boldsymbol{H}_x(z)$ 和 $\boldsymbol{E}_y(z)$ 连续,由此可得

$$A_1(\boldsymbol{k}_1 + \boldsymbol{k}_2) = 0 \tag{1-15a}$$

$$A_1 = A_2 \tag{1-15b}$$

由于SPPs是表面波,所以式(1-15a)中的 $\boldsymbol{k}_1$ 和 $\boldsymbol{k}_2$ 必须同时满足大于0,则此式中 $A_1 = 0$,也就是 $A_1 = A_2 = 0$。 然而这样的电磁波并不存在,从数学的角度证明了SPPs只能是一种TM极化的电磁波。

1.3　周期结构界面中的赝表面等离子波

在低频段(微波和THz),平坦的金属表面也支持表面电磁模式(称为Zenneck表面波)。根据Drude模型[式(1-5)],金属的介电常数 ε_m 可以求得:

$$\varepsilon_m = 1 - \frac{\omega_p^2}{\omega^2 + i\omega\gamma} = \varepsilon_{mR} + i\varepsilon_{mI} \tag{1-16}$$

当入射电磁波的频率远远大于阻尼系数,即 $\omega \gg \gamma$ 时,阻尼系数可以忽略,因此金属的介电常数可以近似为纯实数:

$$\varepsilon_m = 1 - \frac{\omega_p^2}{\omega^2} \qquad (1-17)$$

在太赫兹频率范围内,$\omega < \gamma$,阻尼系数对于入射频率不能忽略,金属的介电常数具有很大的虚部,则

$$\varepsilon_m' = 1 - \omega_p^2 \tau^2 \qquad (1-18)$$

$$\varepsilon_m'' = \frac{\omega_p^2 \tau^2}{\omega} \qquad (1-19)$$

根据式(1-12),假设介质的介电常数为 ε_d,则有

$$k_{SPP} = k_0 \left(\frac{\varepsilon_d \varepsilon_m}{\varepsilon_d + \varepsilon_m} \right)^{1/2} = k_{SPP}' + i k_{SPP}'' \qquad (1-20)$$

令

$$k_{zd} = i(k_{SPP}^2 - \varepsilon_d k^2) \qquad (1-21)$$

$$k_{zm} = -i(k_{SPP}^2 - \varepsilon_m k^2) \qquad (1-22)$$

则 Zenneck 表面波的传播长度为

$$L = \frac{1}{\mathrm{Im}(k_z)} = \frac{1}{k_{SPP}''} \qquad (1-23)$$

介质与金属的衰减长度为

$$\delta_d = \frac{1}{k_{zd}} \qquad (1-24)$$

$$\delta_m = \frac{1}{k_{zm}} \qquad (1-25)$$

从式(1-24)和式(1-25)可以看出,在金属介质表面,THz 波段 SPPs 的传

播波矢近似于介质中的传播波矢。在自由空间中，Zenneck 表面波的电磁场可以扩展到很长的距离。例如金属铝在 0.5 THz 处的介电常数为 $\varepsilon = \varepsilon' + i\varepsilon'' = -3.3 \times 10^4 + i1.28 \times 10^6$。在 0.5 THz 处，电磁波（Zenneck 表面波）的传播长度约为 244 m，而垂直于传播方向上的衰减长度为 15.3 cm，所以，Zenneck 表面波的电磁场损耗小但局域性较弱。

2004 年，Pendry 等证明了限制在周期结构金属表面上的表面波在低频段的色散曲线可类比在光频率上的 SPPs。下面，我们通过一维周期褶皱金属表面结构验证 SSPPs 的存在。

1.3.1　一维平板金属微结构表面的赝表面等离子波

在金属表面沿一维方向刻有周期性矩形凹槽结构，其结构如图 1-2 所示，周期为 d、槽的宽度为 a、槽的深度为 h。

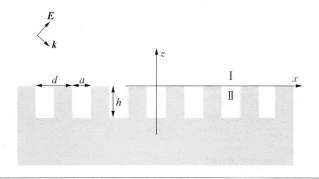

图 1-2
一维周期性矩形金属槽

假定入射平面波矢量 $\boldsymbol{k} = \boldsymbol{k}_x x - \boldsymbol{k}_z z$，对于 TM 极化（$p$ 波），在空间区域 I 的磁场用 Floquet 模式展开，可以表示为

$$\boldsymbol{H}_{y,\mathrm{I}} = \exp[j(\boldsymbol{k}_x x - \boldsymbol{k}_z z)] + \sum_{n=-\infty}^{+\infty} R_n \exp[j(\boldsymbol{k}_{xn} x + \boldsymbol{k}_{zn} z)] \quad (1-26)$$

式中，$\boldsymbol{k}_{xn} = \boldsymbol{k}_x + \dfrac{2n\pi}{d}$，$n$ 为整数；$\boldsymbol{k}_{zn} = \sqrt{\boldsymbol{k}_0^2 - \left(\boldsymbol{k}_x + \dfrac{2n\pi}{d}\right)^2}$；等式右边第一项表示入射波；等式右边第二项为 Floquet 模的叠加；R_n 为第 n 阶衍射模式的反射系数。沿 x 方向的电场可通过麦克斯韦（Maxwell）方程求出：

$$E_{x,\,\mathrm{I}} = \frac{1}{\omega\varepsilon}\left\{-\boldsymbol{k}_x\exp\left[j\left(\boldsymbol{k}_x x - \boldsymbol{k}_z z\right)\right] + \sum_{n=-\infty}^{+\infty}R_n\boldsymbol{k}_{zn}\exp\left[j\left(\boldsymbol{k}_{xn}x + \boldsymbol{k}_{zn}z\right)\right]\right\}$$

$$(1-27)$$

在区域Ⅱ的磁场可表征为辐射模的叠加。当 $k_0 a \ll 1$ 时，区域Ⅱ的磁场和电场可表示为

$$H_{y,\,\mathrm{II}} = G_+\exp(jk_0 z) + G_-\exp(-jk_0 z) \tag{1-28}$$

$$E_{x,\,\mathrm{II}} = \frac{1}{\omega\varepsilon}\left[k_0 G_+\exp(jk_0 z) - k_0 G_-\exp(-jk_0 z)\right] \tag{1-29}$$

式中，G_+ 和 G_- 分别为 TEM 基模沿 z 正向及 z 负向传播的幅值。根据边界条件，当 $z=0$ 时，在 $-\frac{a}{2}\leqslant x\leqslant\frac{a}{2}$ 区间切向磁场连续，在 $-\frac{d}{2}\leqslant x\leqslant\frac{d}{2}$ 区间切向电场连续；当 $z=-h$ 时，在 $-\frac{d}{2}\leqslant x\leqslant\frac{d}{2}$ 区间切向电场为零。由此可以得到

$$\delta_{n0} + R_n = (G_+ - G_-)S_n \tag{1-30}$$

$$\frac{k_0}{k_z}S_0 - \sum_{n=-\infty}^{+\infty}R_n\frac{k_0}{k_{zn}}S_n = (G_+ + G_-) \tag{1-31}$$

$$G_+\exp(-jk_0 h) - G_-\exp(jk_0 h) = 0 \tag{1-32}$$

式中，δ_{n0} 为 δ 函数，S_n 满足：

$$S_n = \frac{1}{\sqrt{ad}}\int_{-\frac{a}{2}}^{\frac{a}{2}}\exp(jk_{xn}x)\mathrm{d}x = \sqrt{\frac{a}{d}}\,\frac{\sin\left(\dfrac{k_{xn}a}{2}\right)}{\dfrac{k_{xn}}{2}} \tag{1-33}$$

联立式(1-30)~式(1-33)可得第 n 阶衍射模式的反射系数 R_n：

$$R_n = -\delta_{n0} - \frac{\dfrac{2j\tan(k_0 h)S_0 S_n k_0}{k_z}}{1 - j\tan(k_0 h)\displaystyle\sum_{n=-\infty}^{+\infty}S_n^2(k_0/k_{zn})} \tag{1-34}$$

当 $k_0 d \ll 1$ 时，忽略 R_0 以外的衍射项，则 R_0 可表示为

$$R_0 = -\frac{1 + \dfrac{jS_0^2 \tan(k_0 h) k_0}{k_z}}{1 - \dfrac{jS_0^2 \tan(k_0 h) k_0}{k_z}} \qquad (1-35)$$

当式(1-35)中的分母为 0 时,反射系数具有奇异性,自由空间电磁波能量可以耦合进入一维周期金属表面结构中。此时一维周期金属表面结构的色散方程为

$$\frac{\sqrt{k_x^2 - k_0^2}}{k_0} = \frac{a}{d} \frac{\sin^2\left(\dfrac{k_x a}{2}\right)}{(k_x a / 2)^2} \tan(k_0 h) \qquad (1-36)$$

当 $k_x a \ll 1$ 时,式(1-36)进一步简化为

$$\frac{\sqrt{k_x^2 - k_0^2}}{k_0} = \frac{a}{d} \tan(k_0 h) \qquad (1-37)$$

从式(1-37)我们可以得出色散曲线和槽结构尺寸参数 a、h、d 的对应关系。例如,当 $a=0$ 或 $h=0$ 时,$k=\omega/c$,此时对应的就是常规的平面,所以此时电磁波的约束能力较弱。当 $a \neq 0$、$h \neq 0$ 时,$k > (\omega/c)$,此时满足表面波形成的条件,所以电磁波可以被约束在槽的表面。

当周期 $d = 60~\mu\mathrm{m}$、槽的宽度 $a = 30~\mu\mathrm{m}$、槽的深度 $h = 60~\mu\mathrm{m}$ 时,色散曲线如图 1-3 所示。

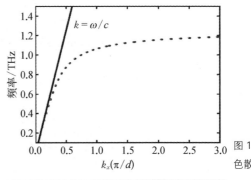

图 1-3
色散曲线

1.3.2 周期圆柱金属微结构中的 SSPPs

如果平面金属表面改变为圆柱形金属表面,则该表面支持 Sommerfeld 波。早在 19 世纪后期,Sommerfeld 从理论上证明了一个具有有限导电性的圆柱形导体可以支持导波模式。其主要的传播方式是方位角对称的横向电磁波,称为 Sommerfeld 波。这种模式在金属丝上的传播已经被证明能够实现宽带 THz 脉

冲的低损耗、低失真的导波传播。但是,和平面金属介质表面类似,在低频波段,该结构对电磁场的束缚能力弱。在本小节中,我们详细分析在周期性金属导线上的表面电磁模式的形成原因。

利用模展开法对图 1-4 中周期性环形理想导线建立基于麦克斯韦方程的模型。结构中的周期常数为 Λ,环宽度和深度分别为 a 和 $h=R-r$。利用结构的周期性特征,我们可以将电磁场用 Bloch 模式展开,在长度为 Λ 的周期单元内,电磁场仅在区域 I 和区域 II 内部(空气部分)非零。区域 I 中的电磁场可以表示为 z 方向上的衍射模式的和,其径向场分布由第二类的修正贝塞尔函数给出。

$$E_z^{\mathrm{I}}(r,z) = \sum_{n=-\infty}^{\infty} C_n K_0(q_n^{\mathrm{I}}) \phi_n(z) \qquad (1-38a)$$

$$H_\theta^{\mathrm{I}}(r,z) = \sum_{n=-\infty}^{\infty} Y_n C_n K_1(q_n^{\mathrm{I}} r) \phi_n(z) \qquad (1-38b)$$

式中,n 阶衍射波矢和区域 I 的衰减常数分别为 $\boldsymbol{k}_n = \boldsymbol{k}_z + n\dfrac{2\pi}{\Lambda}$、$q_n^{\mathrm{I}} = \sqrt{k_n^2 - k_0^2}$。$Y_n^{\mathrm{I}} = \mathrm{i}k_0/q_n^{\mathrm{I}}$ 是 Bloch 波 $\phi_n(z) = \dfrac{\mathrm{e}^{\mathrm{i}k_z z}}{\sqrt{n}}$ 的导纳。

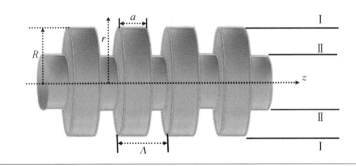

图 1-4
圆柱式 SSPPs
结构示意图:
一根半径为 R
的周期性环形
理想导线

在圆环内部,电磁场可以展开为沿正 r 方向和负 r 方向传播的 TEM 基模的总和,即

$$E_z^{\mathrm{II}}(r,z) = \sum_l D_l [J_0(q_l^{\mathrm{II}} r) - \alpha_l N_0(q_l^{\mathrm{II}} r)] \chi_l(z) \qquad (1-39a)$$

$$H_\theta^{\mathrm{II}}(r,z) = \sum_l Y_l^{\mathrm{II}} D_l [J_1(q_l^{\mathrm{II}} r) - \alpha_l N_1(q_l^{\mathrm{II}} r)] \chi_l(z) \qquad (1-39b)$$

式中，l 表示环形波导中模的阶数；$q_l^{II}=\sqrt{k_0^2-(k\pi/a)^2}$；$Y_l^{II}=-\mathrm{i}k_0/q_l^{II}$；圆环波导模式由 $\chi_l(z)=\sqrt{(2-\delta_{l,0})/a}\cos\dfrac{l\pi}{a}\left(z+\dfrac{a}{2}\right)\ \mid z\mid<a/2$（圆环内）和 $\chi_l(z)=0$ 给出；这些模式的径向关系由第一类贝塞尔函数 $J_{0,1}$ 和诺伊曼函数（第二类贝塞尔函数）$N_{0,1}$ 来描述；常数 $\alpha_l=J_0[q_l^{II}(R-h)]/N_0[q_l^{II}(R-h)]$；内圆柱界面电场 $E_z(r=R-h)=0$ 满足电磁场边界条件。

在导线外半径界面（$r=R$），电场的 z 分量在界面上处处连续，而磁场的 θ 分量只在环开口处是连续的，定义

$$E_l=D_l[J_0(q_l^{II}R)-\alpha_l N_0(q_l^{II}R)] \tag{1-40}$$

该式表明环孔处电场与 l 阶振幅有关（与电场 z 分量相关），电磁场连续性方程组表示为

$$(G_{ll}-\varepsilon_l)E_l+\sum_{s\neq l}G_{ls}E_s=0 \tag{1-41}$$

$$G_{ls}=\sum_{-\infty}^{\infty}Y_n^{I}\frac{K_1(q_n^{I}R)}{K_0(q_n^{I}R)}\Omega_{ln}\Omega_{sn}^{*} \tag{1-42}$$

式中，l 和 s 分别表示圆形波导中模的阶数；参数

$$\varepsilon_l=Y_l^{II}\frac{J_1(q_l^{II}R)-\alpha_l N_1(q_l^{II}R)}{J_0(q_l^{II}R)-\alpha_l N_0(q_l^{II}R)} \tag{1-43}$$

描述了环内沿径向与 l 阶相联系的电磁场的介电常数。考虑到由波导模式 n 发射的 Bloch 波是由 l 模式接收的，根据 $\Omega_{ln}=\int\chi_l(z)\phi_n(z)\mathrm{d}z$，波导模式 n 和 Bloch 模式 l 间可以实现耦合。

环形阵列结构的 SSPPs 的色散关系是由与齐次方程组（1-41）相匹配的电场模态振幅 E_l 非零解给出的。如果波长比环宽度大得多（$\lambda=2\pi/k_0\gg a$），并只考虑波导基模（$l=0$），此时条件（$G_{00}-\varepsilon_0$）$=0$ 给出了沿结构传播的 SSPPs 的色散关系 [$w(k_z)$]（与方位角无关）为

$$\sum_{-\infty}^{\infty}\frac{k_0}{q_n^{I}}\frac{K_1(q_n^{I}R)}{K_0(q_n^{I}R)}\mid\Omega_{0n}\mid^2=-\frac{J_1(k_0R)-\alpha_0 N_1(k_0R)}{J_0(k_0R)-\alpha_l N_0(k_0R)} \tag{1-44}$$

式中，$\Omega_{0n} = \sqrt{\dfrac{a}{\Lambda}} \sin c(k_n a/2)$ 为环形波导基模和 n 阶 Bloch 波之间的耦合系数。

图 1-5 为三种不同环的深度 h 的 SSPPs 的色散曲线（其中环半径 $R=2\Lambda$，环宽度 $a=0.2\Lambda$）。图中 h 取三个典型值：$h=1.6\Lambda$（红色实线），$h=0.8\Lambda$（蓝色实线），$h=0.4\Lambda$（绿色实线）。圆柱结构中的 SSPPs 色散关系类比于 SPPs 在光频率下沿金属线传播的行为。

图 1-5
半径 $R=2\Lambda$ 的环形周期阵列导线对应的 SSPPs，其中环的深度 h 分别为 0.4Λ、0.8Λ、1.6Λ。插图为 $k_z = 0.455(2\pi/\Lambda)$ 处四个 SSPPs 波段对应的电场图

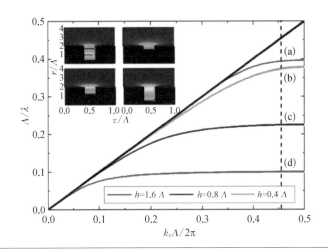

在低频（$\lambda \gg \Lambda$，a）处，如果周期性环形金属导线参数 R 满足近似条件 $[(R-h) \gg \Lambda]$，SSPPs 色散关系的解析表达式由式（1-44）简化为

$$k_z = k_0 \sqrt{1 + \left(\dfrac{a}{\Lambda}\right)^2 \tan^2(k_0 h)} \qquad (1-45)$$

该表达式与上一小节中所给出的沿宽度为 a、深度为 h 的一维沟槽阵列的理想导体表面传播的 SSPPs 的表达式一致。

随着 k_z 的增加，二维平面上 SSPPs 的色散关系趋于截止（渐进）频率 $\omega_s = \omega_p/\sqrt{2}$，其中，$\omega_p$ 为金属等离子频率。对于周期性环形金属导线，ω_s 的解析表达式可以通过令式（1-45）中的 $\tan(k_0 h) \to \infty$ 获得，即 $\omega_s = \pi c/2h$。该公式说明 ω_s 与 h 成反比，如图 1-5(b)～(d) 所示。随着环的深度的增大，$\omega(k_z)$ 降低。当 $h=1.6\Lambda$ 时，我们观察到高阶 SSPPs 模式（图 1-5 中的插图）。

　1　太赫兹表面等离激元

1.4 小结

　　SPPs 是局域在导体和介质表面的由电磁场激发的自由电子振荡。本章详细介绍了金属在电磁波段的介电常数模型，推导了金属-介质交界面处的 SPPs 的特征，分析了在高频段和低频段 SPPs 的差异以及如何引入人工结构实现低频波段的 SSPPs。本章的内容将为后续章节打下基础。

2

THz（赝）表面
等离子波的激发
和传导

2.1 概述

从 SPPs 的色散关系可知,SPPs 的波矢分量位于自由空间色散曲线以下,两者没有交点,所以自由空间电磁波直接入射金属表面无法激发 SPPs,它们之间存在一个补偿波矢,即必须额外提供一个补偿波矢才能实现 SPPs 和入射太赫兹(THz)波之间的波矢匹配。本章主要介绍几种常用的激发 THz 波段(S)SPPs 的方法。此外,本章还将介绍传输 SSPPs 的波导结构。由于在 THz 波段实际金属有损耗,所以 SSPPs 能够传输的距离为周期排列结构的几个周期。SSPPs 结构的性质对于结构参数的变化非常敏感,故可通过优化金属表面结构参数实现 SSPPs 的亚波长传输。

2.2 激发 THz 波段(S)SPPs 的方法

2.2.1 近场激发

由于 THz 波段(S)SPPs 的色散关系与自由空间电磁波不匹配,因此当 THz 波从自由空间照射金属表面时,(S)SPPs 不能被直接激发。为了能够让自由传播的 THz 辐射耦合到(S)SPPs 中,可利用狭缝技术近场耦合宽带 THz。图 2-1 显示了一种典型的耦合技术框图。THz 波聚焦后以一定的角度入射金属片边缘和样品表面限定的微小间隙中,该金属片距样品的距离为 h(表示耦合高度)。入射的 THz 波在微小间隙处的散射产生了由连续波矢组成的倏逝波。因此入射 THz 辐射的一部分波矢能量与样品的(S)SPPs 波矢实现匹配,并沿着样品传输。通过样品表面上方的金属片与样品表面之间的狭缝,将传输的 THz 波耦合到自由空间,再聚焦到接收器上。

另一种近场耦合方法如图 2-2 所示。使用由高密度聚乙烯(HDPE)制成的渐变介质探针(图 2-2),将信号有效地耦合到 SSPPs 结构上。两个探针之间放置的金属板可减少探头之间的直接自由空间耦合。在测量过程中,金属板距

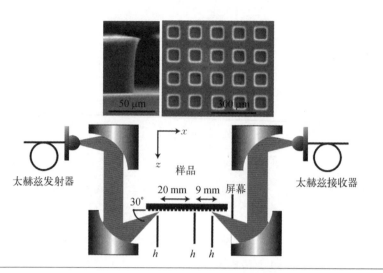

图 2 - 1
近场耦合实验
装置

离样品表面约 1 mm。

2.2.2 光栅耦合

光栅结构可以改变入射光波的
波矢,从而补充额外的波矢,实现波
矢匹配。如今多种光栅结构被研究
用来激发 SPPs,包括一维光栅、二维
光栅、孔径阵列等。此外,光栅的周
期数可以调控入射波的波矢量。光
栅结构还可以根据需求修改材料和
几何结构的参数,从而很好地控制
SPPs 的特性。

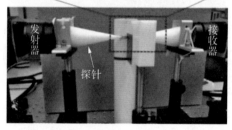

图 2 - 2
利用介质探针
的 SSPPs 近场
耦合测量装置

2007 年和 2009 年,美国和法国的研究人员就报道了通过光栅结构,将 THz
波耦合到圆形金属波导和平面波导结构的例子。这里我们以圆形金属波导为
例,在直径为 1 mm 的不锈钢丝的中间选取 10 cm 长的部分加工周期槽,槽的数
量分别取 0、1、3、8。凹槽宽为 500 μm,深为 100 μm,中心间距为 1 mm。
图 2 - 3(a)给出了带凹槽的圆柱金属波导结构,其中凹槽间距相等,深度一致。
图 2 - 3(b)所示为带有 3 个凹槽的直径为 1 mm 的不锈钢圆柱波导。THz 波垂

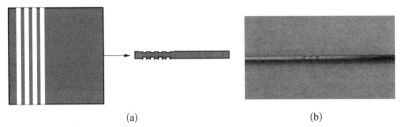

图 2-3
(a) 带凹槽的圆柱金属波导结构; (b) 带有 3 个凹槽的直径为 1 mm 的不锈钢圆柱波导

直入射到凹槽结构上。

  图 2-4(a)表示 THz 波分别经过带有 0、1、3、8 个凹槽的导线耦合后,经光电导天线检测到的 THz 时域波形。入射的 THz 辐射偏振方向平行于导线。图 2-4(a)(b)证明了凹槽能够将 THz 波与 SPPs 耦合,随着凹槽数量的增加,THz 信号振幅越大。多个凹槽的使用可以实现多个振荡产生耦合波,这些耦合波在时间上相互延迟,空间上按照凹槽分离并相干叠加。

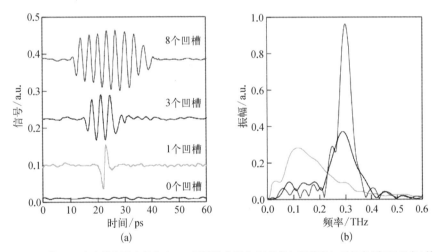

图 2-4
(a) 将 THz 脉冲耦合到直径为 1 mm,凹槽数分别为 8(红色)、3(蓝色)、1(绿色)和 0(黑色)的不锈钢圆柱波导上,测量到的 THz 时域波形。宽带 THz 辐射通过多个周期性间隔的凹槽耦合到光电导天线上。矩形截面凹槽宽为 500 μm,深为 100 μm,中心间距为 1 mm。(b) 根据图(a)中的时域谱经傅里叶变换得到的对应频域谱

2.2.3 牛眼结构耦合

  另一种将空间 THz 波耦合进圆柱金属波导支持的表面等离子波(Sommerfeld

波)的方法是采用亚波长同轴孔(牛眼结构)。图2-5为带有25个环形凹槽的牛眼结构。该结构是在150 μm厚的不锈钢板上用化学蚀刻法制得的。牛眼结构由宽500 μm、深100 μm的环形槽组成,中心的圆形孔直径为490 μm,1 mm环形槽周期对应的共振频率约为0.3 THz。用于传导THz波的导线长为6 cm,直径为700 μm,其中一端径向渐变,直径为250 μm。金属丝的锥形末端(1 cm长)穿入牛眼结构的圆孔中心。

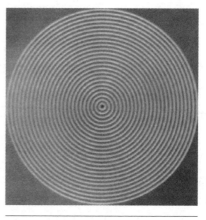

图2-5
耦合牛眼结构

图2-6(a)为6 cm长锥形导线分别插入带有25个(红色曲线)和2个(绿色曲线)环形凹槽的牛眼结构中心时辐射出的THz时域波形;蓝色曲线和黑色曲线分别为1 cm长锥形导线插入带有25个环形凹槽的牛眼结构中心和6 cm长锥形导线插入裸孔的THz时域波形。图2-6(b)是与图2-6(a)中的THz时域波形对应的频域谱。从图中可以看出,通过裸孔的THz波没有耦合到圆柱金属波导中。而随着牛眼结构环形凹槽数增多,耦合的THz波的频段变得越窄。将2槽和25槽牛眼结构的数据进行对比可以得到,随着环形凹槽数量的增加,频谱峰值逐渐变

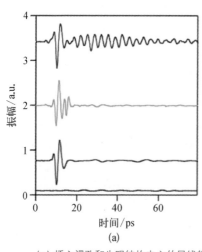

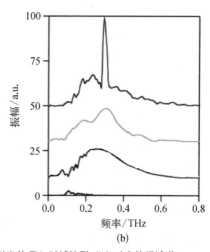

(a) 插入裸孔和牛眼结构中心的导线辐射出的THz时域波形;(b) 对应的频域谱

图2-6

得尖锐。综合以上分析,可知耦合的中心频率和线宽分别取决于槽间距和槽数。

2.2.4 棱镜耦合

SPPs 棱镜耦合模式又称为衰减全反射(Attenuated Total Reflection,ATR)
它是依赖具有较高介电常数的棱镜,使得通过其中的波束的矢量相对自由空间
波矢有一个增加量,与 SSPPs 模式的波矢相匹配而实现激发。这种耦合方式也
可以认为是利用全反射光子隧道效应,当满足某个入射角度时达到波矢匹配条
件,利用全反射激发 SSPPs。图 2-7 所示的耦合方式为 Otto 型棱镜耦合方式。

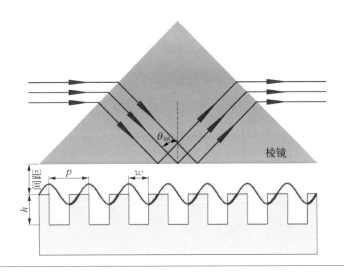

图 2-7
Otto 型棱镜光
栅耦合示意图

在 Otto 结构中,在棱镜和空气的界面处发生全反射,产生倏逝波,通过隧穿
效应在金属-空气界面激发表面等离激元。入射光在棱镜内的波矢表示为

$$k_p = n_p w/c = k_\perp^2 + k_\parallel^2 \qquad (2-1)$$

式中,$k_\perp$ 和 $k_\parallel$ 分别表示棱镜中光波矢的垂直分量和水平分量。当水平分量和
SSPPs 波矢相等时,SSPPs 将被激发,即

$$k_{SSPP} = k_\parallel = k_p \sin\theta_{int} \qquad (2-2)$$

式中,k_{SSPP} 是 SSPPs 的波矢;θ_{int} 是入射光在棱镜底面的入射角。当满足式(2-
2)时入射光将耦合激发 SSPPs,并且在反射光谱上出现一个明显的吸收峰。当

金属介质上的周期性结构的大小满足亚波长尺寸时，金属介质周期性结构上的 SSPPs 的色散关系可以表示为

$$k_{SSPP} = \left[\varepsilon_d k_0^2 + \left(\frac{w}{p} \right)^2 k_g^2 \tan^2 (k_g h) \right]^{1/2} \tag{2-3}$$

式中，$k_g = k_0 \sqrt{\varepsilon_d} \left[1 + \frac{\varepsilon_m (i+1)}{a} \right]^{1/2}$ 为在矩形凹槽中传播的电磁波波数，$k_0 = 2\pi f / c$ 是空气波数，$\delta_m = k_0 R_e (\sqrt{-\varepsilon_m})^{-1}$ 是金属的趋肤深度，ε_d 和 ε_m 分别是光栅周围介质环境的介电常数以及金属的介电常数；w、h、p 表示矩形槽的宽度、深度以及周期常数。SSPPs 的色散关系主要由凹槽的尺寸参数决定。

如果在 p 型重掺杂硅上加工亚波长尺寸的矩形槽，其中槽的深度 $h = 60 \mu m$，槽的周期 $p = 60 \mu m$，槽的宽度 $w = 30 \mu m$。一维矩形槽光栅结构的色散曲线如图 2-8 所示。

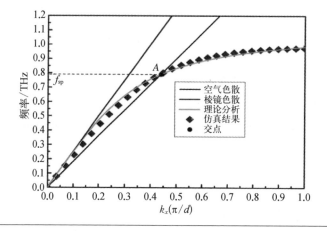

图 2-8
一维矩形槽光栅结构的色散曲线

图中绿色的实线是根据式（2-3）利用 MATLAB 画出的，与之相对的红色方块点是利用 CST 的本征求解器仿真得到的。黑色与蓝色的实线分别代表自由空间光线（Light Line，LL）以及棱镜中的色散线。从图中可以看出，在低频段，SSPPs 的色散曲线紧靠着 LL 但并没有交集，但在第一布里渊区域却逐渐远离 LL，并接近水平。棱镜中的色散线与 SSPPs 的色散曲线相交于点 A（图中的黑色实心点），而点 A 所对应的频率即为共振频率。

2.2.5 介质波导激发

本小节我们引入由低损耗、高介电常数的材料制成的带状介质波导，并介绍介质波导耦合 SSPPs 的方法。我们利用带状介质波导的优良传输性使其作为耦合结构并和 THz 等离子波导结合构成复合波导结构。介质波导激发的关键是实现介质波导的波矢与等离子波导匹配。

介质波导耦合双通道等离子波导的整体结构如图 2-9 所示。该波导的基本几何参数如下：深槽深度 h_1 为 $350\,\mu m$，浅槽深度 h_2 为 $150\,\mu m$。等离子波导的双通道光栅两边分别紧贴两片氧化铝薄片 ($\varepsilon_r \approx 9.6$)，用于 THz 波的入射与出射。氧化铝薄片的长度为 $5\,mm$，宽度为 $2\,mm$，厚度为 $20\,\mu m$。此时，其高阶模式的截止频率高于两种槽深对应的 SSPPs 模式的截止频率，故介质波导仅有基模可耦合至等离子波导中的 SSPPs 模式。氧化铝上方的材料为聚丙烯 ($\varepsilon_r \approx 2.28$)，厚度为 $1\,mm$。THz 波从介质波导一端入射，在介质波导与等离子波导的相交区域经过一段距离的传播，大部分能量耦合进了等离子波导中，形成 SSPPs。SSPPs 传播一段距离后，再度通过相交区域耦合进另一端的介质波导中，并通过介质波导出射，到达探测点。图 2-10 为带状介质波导和双通道 SSPPs 波导的俯视图。

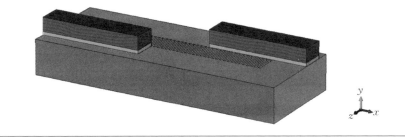

图 2-9
介质波导耦合双通道等离子波导的整体结构，蓝色部分表示氧化铝材料，橙色部分表示聚丙烯材料，灰色部分表示金属铝材料

探测点

太赫兹辐射源

图 2-10
带状介质波导和双通道 SSPPs 波导的俯视图（双通道光栅均匀设置，深度分别为 $350\,\mu m$ 与 $150\,\mu m$）

图 2-11(a)(b)显示了 x-z 平面上两个频点 0.255 THz 和 0.41 THz 的 THz 近场传播图。在带状介质波导与等离子波导的相交区域,THz 波经过一段距离的传输,成功耦合到了等离子波导中。此时,带状介质波导中的大部分能量转移至等离子波导中传输。在尾部的相交区域,SSPPs 耦合至带状介质波导传输。在 THz 集成回路芯片中,带状介质波导耦合将有重要的应用价值。

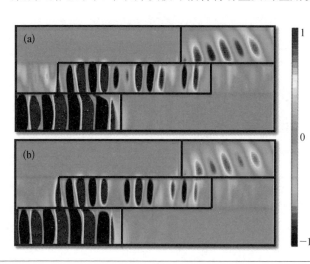

图 2-11
x-z 平面上
0.255 THz(a)
和 0.41 THz(b)
对应的归一化
电场

2.2.6 共面波导激发

另一种实现自由空间电磁波和表面等离子体耦合的结构是共面波导。共面波导结构首次在介质板上实现要追溯至 1969 年。从那之后,基于微波集成电路与单片(芯片)微波集成电路制成的共面波导结构才获得了极大的发展。Vivaldi 天线作为一种传统的超带宽天线,具备带宽大、重量轻、尺寸小以及制作简单的特点,被应用在多个研究技术领域。结合 Vivaldi 天线的原理和表面等离子体相关理论,利用共面波导能够与矢量网络分析仪探针对接的特性和 Vivaldi 天线能够进行宽频行波模式转换的特性,可实现 THz 频段的表面等离子体传输线的低损耗传输。2014 年,崔铁军等利用 Vivaldi 天线的开口区域,提出了渐变槽深的平面结构,实现了微波频段准横电磁波(Quasi Transverse Electromagnetic Wave,QTEM)到 SSPPs 的高效转换,为 SSPPs 的耦合及实际应用打开了一扇大门。

图 2-12 是共面波导耦合表面等离子体传输线设计。在共面波导-SSPPs

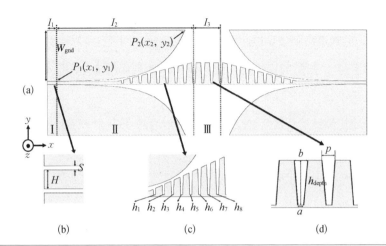

图 2 - 12
共面波导耦合
表面等离子体
传输线设计

(a)　(b)　(c)　(d)

转换结构设计时,需要设计以下两部分以保证高效耦合。

(1) Vivaldi 天线的开口弧线满足解析式:

$$y = C_1 e^{ax} + C_2 \qquad (2-4)$$

式中,a 为开口率参数;$C_1 = \dfrac{y_2 - y_1}{e^{ax_2} - e^{ax_1}}$;$C_2 = \dfrac{y_2 e^{ax_1} - y_1 e^{ax_2}}{e^{ax_2} - e^{ax_1}}$,其中$(x_1, y_1)$ 和 (x_2, y_2)分别为转换结构的起始点与终结点的坐标。按照 Vivaldi 天线设计思想,开口弧线以指数形式渐开,将共面波导所支持的 QTEM 模式转换为 Goubau 模式。

(2) 进行槽深的线性渐变设计,并且采用切角的形式实现低反射,让更多的 SSPPs 耦合到槽中。较小槽深的槽能够让较高频点的 SSPPs 能量耦合进入槽中,能量的截止仅仅在高频部分发生,而不影响低频的能量耦合,而且槽与槽之间波矢的失配程度远远比槽与线之间直接失配情况要小得多,因此能够得到高效的 SSPPs 耦合效率。

2.2.7　平行板波导激发

THz 表面等离激元(THz Surface Plasmon,TSP)的耦合也可以采用平行板波导方法实现,即将 THz 脉冲从金属平行板波导耦合到金属平板上而激发 TSP。如图 2 - 13(a)所示,实验测量了 TSP 在宽 10 cm、厚 51 μm、不同长度、表面光滑但未抛光的铝片上的传播。最初自由传播的 THz 脉冲被三个硅光学器件 $L_1 \sim L_3$ 准直聚焦到波导中。平面柱面透镜 L_3 在平行板波导的两个铝板之间的空气隙上将 THz 脉冲聚焦耦合到波导中。将铝片的延伸段放置在下平行板顶部的波导中，使 TSP 能有效地耦合到铝片上。

探测器探测到的 THz 脉冲由自由空间传输的 THz 脉冲和耦合到铝片表面的 TSP 脉冲组成。为了将这两个 THz 脉冲进行时间分离，将铝片向下弯曲形成 2 mm 深的弧线，如图 2-13(a) 所示。图 2-13(b) 中，上面的脉冲为测量到的自由空间传输的 THz 脉冲和延迟的 TSP 脉冲的叠加信号，其中延迟的 TSP 脉冲沿着铝片表面传播，比自由空间的路径长 0.45 mm。为了滤除自由空间传输的 THz 脉冲，利用 10 cm 长的铝板垂直放置在弧线中间，铝板与弯曲板底部之间的狭缝距离为 1.5 mm。图 2-13(b) 中，下面的脉冲为排除自由空间传输的 THz 脉冲影响后，测到的较弱的 TSP 脉冲信号，脉宽为 0.74 ps，频谱如图 2-13(d) 所示，频谱的峰值频率为 0.3 THz，频谱有效带宽延伸至 1 THz。图 2-13(c) 为两个 THz 脉冲的叠加结果，表明 10 cm 长铝板挡板既有效去除了自由空间传输的 THz 脉冲，又没有引起 TSP 脉冲的衰减或畸变。

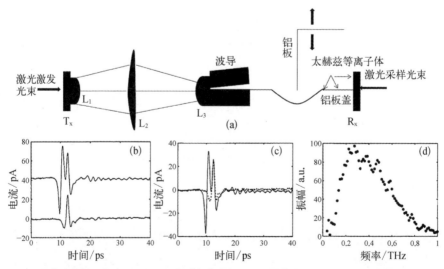

(a) 实验装置示意图，L_1、L_2、L_3 分别为硅透镜；(b) 上面的脉冲为自由空间传输的 THz 脉冲和延迟的 TSP 脉冲的叠加，下面的脉冲为添加挡板后在铝板表面传播的 TSP 脉冲；(c) 两个 THz 脉冲的叠加；(d) TSP 脉冲频谱

图 2-13

2.2.8　超表面耦合

利用超表面所产生的广义斯涅尔定律效应,构造合适的相位不连续超表面,也可以将空间传输的电磁波转换为表面波耦合进平面器件中,此时需满足梯度相位的周期长度小于电磁波的工作波长。本小节主要介绍利用超表面上的矩形分裂环形谐振器(Rectangular Split-Ring Resonator,RSRR)来激发 THz 表面波(Surface Wave,SW),实现空间传输波(Propagating Wave,PW)到 SW 的切换。RSRR 的结构如图 2-14(a)所示,由长度 L 和线宽 w 分别为 45 μm 和 5 μm 的金属 RSRR、金属基底层和中间介质层(聚酰胆碱,介电常数为 3.0 + 0.09i)构成,聚酰胆碱的厚度 $d=20\,\mu m$,结构周期 $p=50\,\mu m$。单元结构的对称轴相对于入射偏振 x 或 y 具有 45°倾角。图 2-14(b)所示的前 4 个编码结构"000""001""010""011",对应的参数 s 分别为 0 μm、7 μm、17 μm 和 24.75 μm,后 4 个编码结构"100""101""110""111"可以通过前 4 个编码结构顺时针旋转 90°获得。在 0.93 THz 处,8 个不同编码结构得到的交叉极化异常反射波的相位和振幅如图 2-14(b)所示。从图 2-14(b)中可以发现,8 个编码单元结构对应的反射相位

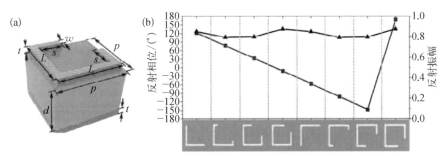

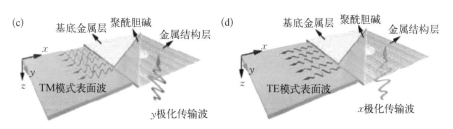

(a) 矩形分裂环形谐振器的单元结构图,$d=20\,\mu m$, $p=50\,\mu m$, $L=45\,\mu m$, $w=5\,\mu m$;(b) 在 0.93 THz 处,8 个不同编码结构得到的交叉极化异常反射波的相位和振幅图;(c)(d) PW 到 SW 的转换,y 极化传输波(红色箭头)或 x 极化传输波(蓝绿色箭头)垂直入射时会在石英基底上转换成具有 TM 模式或 TE 模式的表面波(紫色箭头)

图 2-14

分别是167°、122°、76°、32°、-12°、-57°、-103°、-147°。相邻结构的反射相位相差45°左右,而所有结构的反射振幅都在0.8以上。如果我们采用编码序列为"001""011""101""111""001""011""101""111"……且超级子单元尺寸为2×2,通过超表面产生的广义斯涅尔定律,就可以将PW耦合进平面结构中形成SW。图2-14(c)(d)中的红色箭头和蓝绿色箭头分别表示在自由空间中的y极化和x极化传输波,紫色箭头表示石英衬底上的表面波。y极化时将转换为TM模式的表面波,x极化时将转换为TE模式的表面波。

图2-15为仿真计算的效果图。仿真计算时,需要在编码超表面上方600 μm处设置一个尺寸为855 m×720 m的波导端口,紧邻超表面放置一个厚度为80 μm的石英晶体介质层($\varepsilon_r=4.4$, $\delta=0.0004$)。对于在0.75 THz处的y极化PW入射波[图2-15(a)(b)],超级子单元尺寸为2×2,这样能够保证单元的周期长度与入射波长相等(匹配)。仿真结果表明,石英介质层内部及附近存在明显的E_x分量,此时石英介质层中的表面波波长为328 μm,小于自由空间波长400 μm,因此可以在石英基底上转换成SW的TM模式。由图2-15(c)(d)

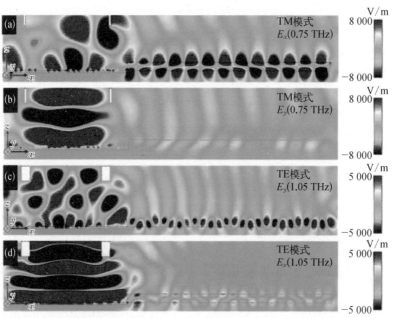

(a)(b) 在0.75 THz处SW的TM模式下的E_x和E_y的电场分布;(c)(d) 在1.05 THz处SW的TE模式下的E_y和E_x的电场分布

图2-15
PW-SW转换的电场分布图

可以看出，对于 x 极化 PW 入射波，此时超级子单元尺寸为 1×1，满足周期结构单元长度小于入射波长。在 1.05 THz 处，在石英介质层的中心发现明显的 E_y 分量，垂直入射的 x 极化 THz 波被转换为 TE 模式的表面波。

2.3　THz 波段 SSPPs 的传导

在 THz 频段，平面集成波导芯片结构是实现 THz 片上集成的基础。而 THz 波 SSPPs 的传输结构则是这种平面 THz 器件设计的关键。SSPPs 的传导可以突破衍射极限，束缚、聚焦和减慢光的速度，为设计具有某些特殊传播特性的新型波导提供了可能性。一维/二维金属周期表面处电磁场色散和场分布的结果表明，不同结构的 SSPPs 具有低传播损耗和亚波长尺度的场约束效应。例如，在圆形金属线传输结构中，Stefan Maier 等在 2006 年理论上提出了周期性波纹圆柱形金属线，这种金属线可以支持表面束缚波，在超分辨 THz 成像方面应用广泛。另一种螺旋槽金属线可以支持方位对称的 THz 表面波模式，即具有非零轨道角动量的手性 SSPPs 波及其色散和相应的角特性。通过调整表面波模式的波矢，可实现整数或分数轨道角动量。在平面 SSPPs 传输的研究中，提出了许多用于实现强束缚和低损耗传输的结构，例如早期的均匀 V 形波纹沟槽、楔形周期结构，以及近期的多米诺等离激元（Domino Plasmons，DPs）结构的表面波模式。其中 DPs 平面结构比 V 形槽或楔形结构更简单，其色散关系随多米诺结构的横向宽度的变化不明显，可实现亚波长约束和低损耗。Kats 等在 2011 年又提出了一种新型的双波纹金属板平行放置的 SSPPs 波导。这种结构称为 Spoof - Insulator - Spoof（SIS）波导，类似于金属-绝缘体-金属波导，两个波纹金属平行板的耦合导致了 SIS 波导的键合和反键模式。此外，单个超表面单元也能构成用于表面波传输的平面等离子波导结构。本节我们着重介绍几种 THz 波段典型的表面等离子体波导以及它们的实验传输结果，基于这些波导结构的简单功能器件也一并介绍。

2.3.1 THz 周期金属穿孔波导

本小节介绍了利用一维周期性金属孔 SSPPs 实现 THz 波导的方法。一维周期性金属孔结构的有效介电常数与结构参数密切相关,传播的 THz 辐射能够很好地限制在平面表面。这种结构不仅可以实现平面 THz 传输,还可实现平面 THz 功能器件,例如 Y 形分束器和 3 dB 耦合器。

图 2-16(a) 为一维周期性金属孔结构的示意图,是在一个不锈钢金属板中利用传统的激光微加工技术加工一排亚波长矩形孔径。图 2-16(b) 所示为一维穿孔阵列的图片。穿孔阵列对 TM 偏振辐射具有独特的透射和色散特性,THz 垂直入射样品。矩形孔的尺寸为 $500\ \mu m \times 50\ \mu m$,孔的长轴平行于 y 轴,周期为 $250\ \mu m$。

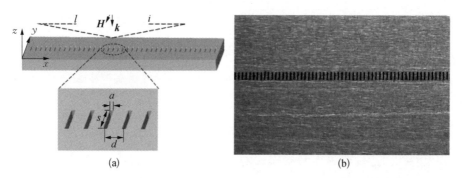

(a)　　　　　　　　　　　　(b)

(a) 周期间隔矩形孔径的线性排列结构,孔槽尺寸为长 $s = 500\ \mu m$、宽 $a = 50\ \mu m$、周期 $d = 250\ \mu m$、厚 $l = 635\ \mu m$,该结构的总长度为 8 mm,对应 320 个孔径;(b) 波导的顶视图　　图 2-16

图 2-17(a) 是在图 2-16(a) 所示的结构的一端,用化学方法蚀刻了一个半圆形的穿孔槽,将自由空间的 THz 辐射耦合到 THz 波 SSPPs 上。半圆形穿孔槽的半径为 1 cm,宽为 $300\ \mu m$,深为 $100\ \mu m$,圆心与第一个金属孔径重合。实验时使用电光晶体来测量波导上不同点的电磁辐射特性。图 2-17(b) 为有限差分时域(Finite-Difference Time-Domain, FDTD)法仿真的传输透射的归一化结果 $[t_{\text{WG}}(\omega)]$。图 2-17(c)～(e) 为每个谐振模式的凹槽中 y-z 平面的总电场分布。从图 2-17(b)～(e) 可以看出,低频振荡对应 SSPPs 模式,能量局限在槽与金属交界处的表面,如图 2-17(c) 所示;高频共振为介质波导模式,能量在槽的上表面和下表面来回振荡并产生驻波,如图 2-17(d)(e) 所示。

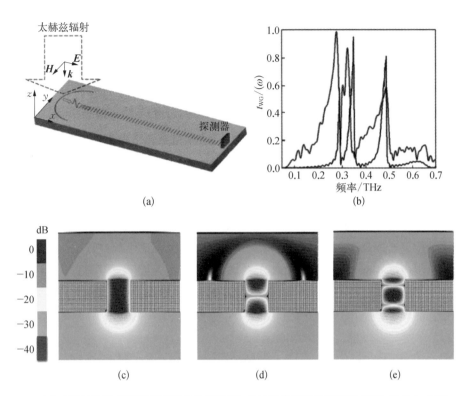

图 2 - 17

(a) 实验示意图,半圆形槽用于将单周期 THz 脉冲耦合和聚焦到平面 SSPPs 结构上,利用 ZnTe 晶体进行电光采样检测导波;(b) THz 的透射谱,红色曲线为实验结果,黑色曲线为 FDTD 仿真结果;(c)～(e) 矩形孔径中 y-z 平面的总电场分布,分别对应 TM$_{100}$、TM$_{101}$和 TM$_{102}$的谐振模式

    图 2 - 18(a)为沿波导的长度(x 轴)方向测量的电场分量 E_z 的大小,可以得出波导损耗为 0.013 mm^{-1}。图 2 - 18(b)表示在 y 轴两个不同传播位置(5 cm 和 7 cm)处截面的电场分布的大小。在两个横截面上的电场分布呈高斯型,半峰全宽(Full Width at Half Maximum,FWHM)为 2.2 mm,表明在沿波导传播的 SSPPs 模式的横向方向上电场的约束能力强。图 2 - 18(c)为电场分量 E_z 在波导表面上沿 z 轴的大小,观察到电场会以指数形式从金属介质界面上衰减。1/e 的衰减长度是 1.69 mm,是平板金属表面的 $\dfrac{1}{4}$。从图 2 - 18 中可以明显看出,SSPPs 模式在穿孔的金属波导上显示出紧密的约束和低的传播损耗。

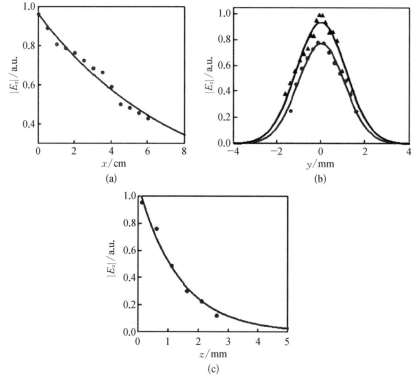

(a) 电场振幅$|E_z|$沿 x 轴的大小变化；(b) 在 y 轴的两个不同传播位置(5 cm 和 7 cm)测量的电场振幅$|E_z|$；(c) 在样品表面沿 z 轴测量的电场振幅$|E_z|$

图 2 - 18
平面 SSPPs 波
导中 TM$_{100}$ 模式
的传播特性

基于等离子波导的强束缚性特点，可以实现简单的功能器件，例如 Y 形分束器和 3 dB 耦合器。图 2 - 19(a)(b)为利用 SSPPs 结构制作的这两种波导器件的导波特性。图 2 - 19(a)为 Y 形分束器的结构示意图，它由一个 32 mm 长的输入波导、两个 32 mm 长的斜臂(旋转 11.2°)和两个 32 mm 长的输出部分组成。Y 形分束器的总长度为 95.4 mm，两臂之间的中心到中心的间距为 11.6 mm。自由空间 THz 辐射通过蚀刻的半环形槽与波导装置耦合。将实验测量的 E_z 的数据用两个空间错开的高斯函数拟合(实心红线)。两个高斯函数的中心位置在 $y=-5.8$ mm 和 $y=5.8$ mm 处，与 Y 形分束器的两个输出臂的中心重合。两个高斯函数的半峰全宽分别为 2.31 mm 和 2.34 mm，与图 2 - 19(a)中 Y 形分束器的功能一致。图 2 - 19(b)为 3 dB 耦合器的结构示意图。中间耦合区域的中心距为 1.55 mm，长度为 3 cm，3 dB 耦合器的总尺寸为 169 mm × 12.2 mm。

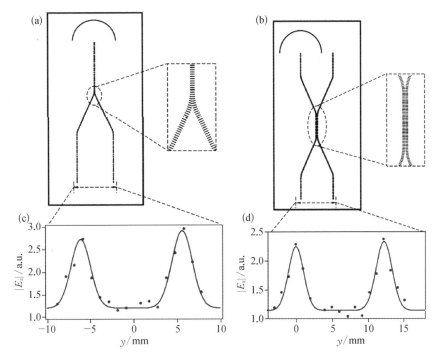

图 2 - 19
Y 形分束器和
3 dB 耦合器示
意图

（a）Y 形分束器的结构示意图；（b）3 dB 耦合器的结构示意图；（c）（d）分别为在 Y 形分束器和 3 dB 耦合器的末端沿 y 轴测量的电场振幅$|E_z|$，点为实验结果，线为拟合结果(红线是利用两个空间偏移高斯函数的和来拟合实验数据的)

图 2 - 19 中的点为测量的电场分量 E_z 在 y 方向上的大小。拟合的两个高斯函数的中心位置出现在波导中心，半峰全宽分别为 2.12 mm 和 2.27 mm，实现了 3 dB 耦合器的耦合功能。

2.3.2　多米诺 SSPPs 波导

多米诺等离激元结构最早由西班牙学者在 2010 年理论提出，结构由位于金属表面上的金属块围成的周期性的阵列组成。由于其结构简单，DPs 波导曾被应用于构建各种功能性组件，如波导管、环谐振器、功率分配器、定向耦合器等。2011 年，DPs 结构在微波波段得到了验证，但直到 2017 年，天津大学的研究人员才在 THz 波段设计并测试了 DPs 结构及其功能器件。

图 2 - 20(a)中的 DPs 波导结构通过硅刻蚀再镀金属的方式加工，使金属膜

表面具有排列整齐的周期性 DPs 结构,采用光纤耦合近场扫描 THz 显微镜 (Scanning Near-field THz Microscope, SNTM)对波导进行研究。图 2 - 20(a)为实验装置图,其中 THz 波垂直入射并在耦合区域利用光栅结构与 SSPPs 模式进行耦合,采用分辨率为 8 μm 的近场探针对激发的 SSPPs 进行扫描。从图 2 - 20(b)中可以看出,随着频率的增大,SSPPs 模式的色散将大于光线的色散,说明 DPs 结构有着良好的约束场的能力。在 0.63 THz 处 SSPPs 模式的归一化电场分量(E_z)的横向分布表明电场被紧紧束缚在 DPs 表面。在 0.5 THz以上的 SSPPs 模式可以被激发并且沿着金属周期结构的表面传播。在

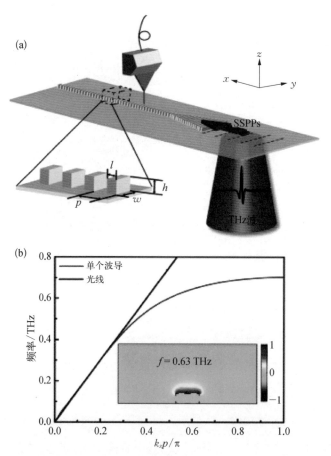

(a) 实验装置图,插图为 DPs 波导结构示意图,周期 p 为 100 μm,柱体宽度 w 为 200 μm,长度 l 为 50 μm,高度 h 为 80 μm;(b) 结构的 SSPPs 色散曲线,插图表示在 0.63 THz 处单列波导结构在 yz 面的电场分量(E_z)的归一化幅值

图 2 - 20

0.7 THz时,SSPPs模式的群速度下降到0,表明该频率处THz波截止。下面介绍THz DPs结构中的SSPPs如何实现THz波的传输、弯曲和分束。

对于波导的传输,当直波导长度为5 mm时,图2-21(a)为DPs波导的扫描电子显微镜示意图,扫描面积为5 mm×2 mm,图2-21(b)为在0.58 THz处DPs波导归一化功率的近场扫描结果,结果表明SSPPs具有良好的约束能力。图2-21(c)为电场振幅沿x方向的变化趋势,振幅减小到1/e时的x方向传播长度为9.2 mm,相应的传播损耗约为8 dB/cm。图2-21(d)为$x=3$ mm处的电场振幅随y方向的变化趋势,此时模式的FWHM为400 μm。图2-21(e)表明

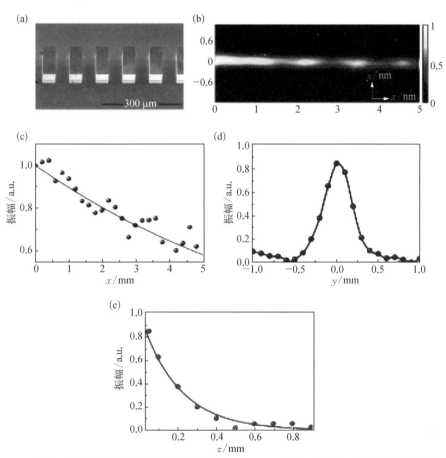

(a) DPs波导的扫描电子显微镜示意图;(b) 在0.58 THz处DPs波导归一化功率的近场扫描结果;(c) 电场振幅沿x方向的变化趋势,蓝点代表实验结果,蓝线是指数拟合结果;(d) $x=3$ mm处的电场振幅随y方向的变化趋势;(e) 电场振幅沿z方向的衰减趋势,红点为实验结果,红线为指数拟合结果

图2-21

电场振幅在 z 方向也具有很强的束缚性。

由于这种结构优良的场束缚特性,可用其来设计一种基于余弦函数的 S 形弯曲波导,Y 形分束器的基本元件是由两个镜像的 S 形弯曲波导组成的。图 2-22(a)为 S 形弯曲波导和 Y 形分束器的结构示意图。对于 S 形弯曲波导,曲率半径越大则损耗越低。S 形弯曲波导的曲率半径为 911.8 μm,其在 0.58 THz 处的归一化功率的近场扫描结果如图 2-22(b)所示。结果表明弯曲的 DPs 结构能够很好地传输 THz 波,弯曲波导的功率衰减约为 15 dB/cm。图 2-22(c)为在 0.58 THz 处的 Y 形分束器的归一化功率的近场扫描结果。在分叉处 THz 能量具有明显的 1:1 的功率分配功能。在波导的末端,两臂分开距离为 3 mm。图 2-22(d)为 Y 形分束器输入(x= 0 mm)和输出(x = 3 mm)端的振幅随 y 方向的分布,结果证明了近场扫描的图像结果。

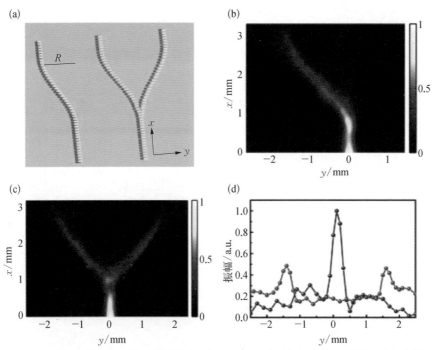

(a) S 形弯曲波导和 Y 形分束器的结构示意图;(b)(c) 分别为在 0.58 THz 处的 S 形弯曲波导和 Y 形分束器的归一化功率的近场扫描结果;(d) Y 形分束器输入(x = 0 mm,蓝线)和输出(x = 3 mm,红线)端的振幅随 y 方向的分布

图 2-22

2.3.3 超表面 SSPPs 波导

超表面单元结构的线性排列也可实现低损耗的 SSPPs 传输。例如,澳大利亚阿德莱德大学研究人员理论设计了一种利用分裂环形谐振器(Split-Ring Resonator,SRR)链路实现 THz 传输。超表面单元结构作为基本人工粒子单元(Meta-Atom,MA),这些带 MA 的金属结构可以支持 SW(类似 SSPPs),并有很强的约束性。MA 结构包括 SRR、圆形、十字形等,常用于频率选择表面。本小节我们选几个典型结构分析 SPPs 在这些结构连成的链中的场激发和传输特性。

(1) SRR

超表面 SRR 或磁性原子的线性链可以作为 THz 波段的亚波长平面波导。亚波长 THz SRR 链路结构波导示意图如图 2 - 23 所示。该结构是由分裂环形谐振器组成的线性链构成的,可以通过磁性等离子体(Magnetic Plasma,MP)模式实现沿链路的电磁场传递。该结构通过在聚四氟乙烯(PTFE)衬底上镀铜制成,铜厚度为 17 μm, PTFE 厚度为 50 μm。电磁能量可以通过 MP 之间的近场相互作用,沿周期通道链路传输。这种类型的波传播是由于激发了 MP。在超表面谐振器的固有特性中,MP 波导的横向尺寸比激发波的波长要小得多。

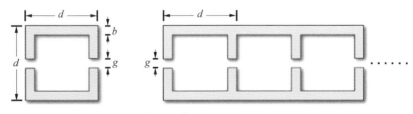

图 2 - 23
SRR 和波导的
设计示意图

左图为单个 SRR 结构,右图为级联 SRRs 的 MP 波导(尺寸如下: d = 200 μm, b = 30 μm, g = 30 μm;波导周期等于 170 μm)

图 2 - 24 显示了单个 SRR 和耦合 SRR 的横向磁场幅值。当 f_1 = 0.21 THz 和 f_2 = 0.39 THz 时,两个谐振器之间的耦合导致了两种杂化模式的共振分裂。从图 2 - 24 中插入的磁场强度分布图可以看出,较低和较高的共振分别与对称和非对称模式有关。

图 2 - 25 显示了 THz MP 波导的色散特性和吸收性,从图中可以看出理论分析结果(蓝色实线)和 CST 仿真结果(绿色虚线)吻合。图中的色散曲线与

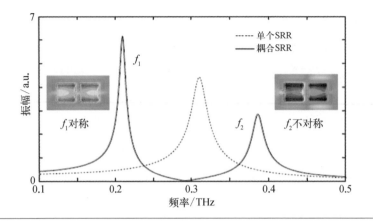

图 2 - 24
单个 SRR 和耦
合 SRR 的模式
特性, 插图为
两个共振频率
下的磁场强度
分布

SPPs 具有相似之处, 在低频时, 波导的波矢接近于自由空间(红色虚线)的色散曲线, 因此波约束的效果较弱; 随着频率的增加, 波矢变大, 在波导结构中显示慢光效应和场约束效应。0.45 THz 是波导的 MP 频率, 此时波数趋近于无穷大, 群速度为零。图 2 - 25(b)所示的吸收曲线(蓝色实线为理论分析结果, 绿色虚线为仿真结果)表明, 接近 MP 频率的传输损耗相对较低。

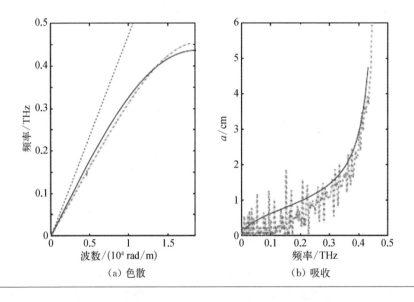

(a) 色散   (b) 吸收

图 2 - 25
理论分析和仿
真的波导特性

图 2 - 26 所示为 0.3 THz 的波在 90°弯折的波导中传输的磁场分布。在 0.3 THz 时, 电磁场的局域束缚效应使得 MP 模式能够在波导中低损耗传输。此外, 在波导拐角附近, 该结构可实现 90°弯曲的低损耗传输将来在平面 THz 芯片

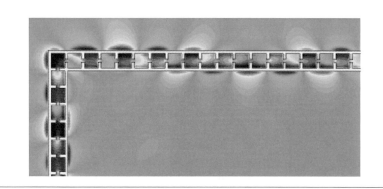

图 2 - 26
0.3 THz 的波在 90°弯折的波导中传输的磁场分布

波导集成方面有极大应用潜力。

（2）基于圆形单元结构的传输

利用 MA 的一维阵列排列也可以实现 THz 波的链路传输。图 2 - 27(a)给出了一种简单的圆形单元格阵列结构,其主要由三层结构构成[图 2 - 27(b)]：下层铜基底层、中间电介质层和上层铜结构层,其中上层铜结构的半径 $R = 400\ \mu m$,周期 $p = 850\ \mu m$,厚度为 $50\ \mu m$;电介质层的介电常数为 3.5,损耗角正切值为 0.01,厚度为 $100\ \mu m$。单个圆形单元格的共振频率为 104 GHz。通过固定传输频率点(在共振点处),可以优化结构的尺寸,减少传输损耗。图 2 - 27(c)显示的是共振频率为 104 GHz 处的电场强度模式。

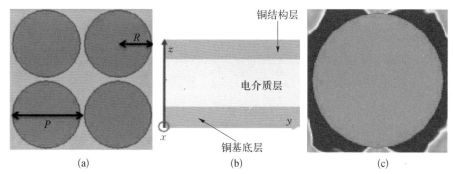

(a)   (b)   (c)

图 2 - 27   (a) 圆形单元格阵列结构;(b) 单元结构正视图;(c) 共振频率为 104 GHz 处的电场强度模式

为了验证这些结构的表面波导特性,设计并仿真了传输线结构。图 2 - 28 为在 104 GHz 时,仿真的基于圆形单元链路波导的 Y 形分束器的电场强度,结果表明在共振频率下,圆形 MA 结构之间强耦合,可实现 THz 波的低损耗波导

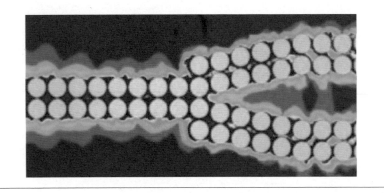

图 2 - 28
在 104 GHz 时，
仿真的基于圆
形单元链路波
导的 Y 形分束
器的电场强度

传输，为 THz 功能器件和电路设计方面提供了新的思路。

图 2 - 29 为验证 Y 形分束器仿真结果的实验原理图和实验结果。在聚合物衬底（薄膜衬底）上制备了由圆形单元构成的 Y 形分束器，结构参数如下：介质厚度 $t=100\ \mu m$，介电常数 $\varepsilon_r=3.5$，损耗角正切值 $\tan\delta=0.01$，铜厚度为 $17\ \mu m$。MA 链路采用传统的光刻技术制作，样品如图 2 - 29 所示。100 GHz 的 THz 波从自由空间通过聚乙烯探针耦合进波导结构，耦合方式已在前面的近场耦合部分介绍（图 2 - 2）。Y 形分束器两个输出端口的场强分布的实验结果如图 2 - 29 所示，其中两个分支的中心定义为零位置。从实验测得的数据可以清楚地看出，

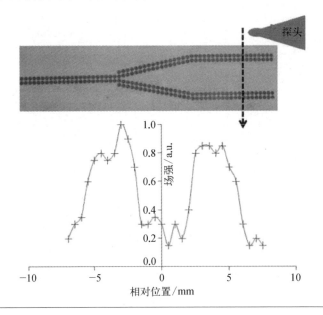

图 2 - 29
验证 Y 形分束
器仿真结果的
实验原理图和
实验结果

THz波沿有 MA 链路的波导传播并实现了分束。这里测量的 FWHM 比理论值更宽,是由测量中使用的介电探针的大直径尖端的误差造成的。

2.4　小结

本章介绍了几种不同的将自由空间 THz 波耦合到表面等离子模式的方法。此外,还介绍了几种典型的 THz 波导传输结构及其实验结果。需要指出的是,由于结构及设计方法的相似性,很多耦合技术及传输结构首先是在微波波段通过实验验证的,例如利用超表面的耦合技术、超薄共形等离子波导和共面波导的 SSPPs 耦合技术,这得益于微波波段的激励及实验探测技术较为简单和成熟。这些在微波波段通过实验验证的技术,有些在 THz 波段验证了,有些还没有验证,希望后来者能够补上。

本章主要介绍的是太赫兹 SSPPs 的性质,随着 SSPPs 的应用不断发展,SSPPs 方法已经拓展到了拓扑光子学等领域。此外,最近发现的有效表面等离激元(Effective Surface Plasmon Polaritons, ESPPs)也被证明可以在低频波段激发类似 SPPs 的模式,丰富了在 THz 波段 SPPs 的物理内涵。在二维材料的研究热潮下,基于二维材料的表面等离激元,如石墨烯等离激元(Graphene Plasmons, GP)也被应用到太赫兹领域,限于本书篇幅就不一一介绍了。

3

金属平板波导中的等离子波效应

3.1 引言

本章研究平行板波导(Parallel Plate Waveguide, PPWG)及其谐振腔结构在激发 TE 模和 TM 模传输中的物理现象。平行板波导谐振腔是由上下两个金属板构成的波导结构,采用机械加工方式在金属板上刻制矩形槽。PPWG 可支持 TM 模式和 TE 模式。板间距、槽宽、槽深等参数都会对电磁场模式产生影响。进一步,我们将介绍由于 SSPPs 效应而在 PPWG 端口处产生的全反射现象。

3.2 金属平板波导结构对太赫兹的耦合和传输

3.2.1 耦合结构

2001 年,美国科研人员 R. Mendis 提出了一种平行板金属波导,能够很好地将太赫兹波局域在波导空隙中。研究发现,PPWG 结构中可传输横向电磁(Transverse Electric and Magnetic Field, TEM)模式、TE 模式和 TM 模式,其中 TEM 模式因为没有截止频率,所以不存在由群速度色散引起的脉冲展宽。相比于其他波导,该波导具有低损耗、高耦合效率以及结构简单等优势。PPWG 已经被运用在光谱学、传感、慢波、隐身、通信、调制、成像、传输、耦合、滤波、全反射模式转换以及布拉格共振中。

随着对以 PPWG 为载体的太赫兹器件的研究的深入,发现由于太赫兹波信号聚焦的焦点尺寸远大于平行板之间的板间距,进入平行板的信号被削弱,使得整体实验的信噪比降低。为提高实验的耦合效率,研究人员相继提出了硅透镜耦合、楔形耦合结构等方案。实验结果表明,耦合效率最高可达 46%。由于楔形坡面与平行板内表面不连续,会导致产生额外的反射损耗(图 3-1)。为了减少反射,研究人员提出了平行板波导圆弧形内表面,如图 3-2 所示,由于圆弧形耦合结构是连续边界,它的反射损耗比楔形耦合结构要小。所以相比楔形耦合

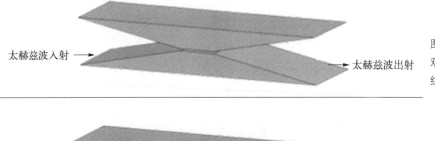

太赫兹波入射 →　　　　　　　　　　　← 太赫兹波出射

图 3 - 1
双侧楔形耦合
结构

太赫兹波入射 →　　　　　　　　　　　→ 太赫兹波出射

图 3 - 2
圆弧形耦合
结构

结构,圆弧形耦合结构的耦合效率更高,经过圆弧形耦合结构的太赫兹脉冲的峰值与楔形耦合结构相比增加了 15%。

3.2.2　TM 波入射及谐振特性

本小节将介绍单槽 PPWG 谐振腔结构的 TM 模特性。TM 模式的 PPWG 谐振腔装置原理图如图 3 - 3 所示,它是由一个锥形铝块和一个表面带有单一凹

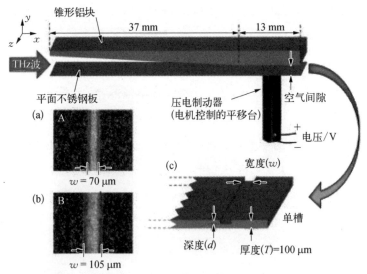

(a)(b) 单槽的光学显微图片;(c) 凹槽的结构尺寸(样品 A 的槽宽为 70 μm,槽深为 28 μm;样品 B 的槽宽为 105 μm,槽深为 40 μm)

图 3 - 3
TM 模式的
PPWG 谐振腔
装置原理图

槽的平面不锈钢板组成的。所述锥形铝块分别由 3°角的锥形区域和平坦的区域组成。PPWG 下侧放置平面不锈钢板，长 50 mm，宽 24 mm，厚 100 μm。采用微光化学刻蚀法将单槽嵌入平板中，单槽距离右边缘 6.5 mm，对应于上方 13 mm 平板的中部。TM 模式 THz 波（电场偏振为 y 方向）入射到 PPWG 中。

图 3-3(a)(b) 所示是单槽的光学显微图片，图 3-3(c) 为凹槽的结构尺寸。固定上方锥形铝板的位置，将马达控制的平移台连接到下侧平面不锈钢板上，实验中使用压电致动器调节直流（或交流）电压控制平面不锈钢板，从而控制空气间隙变化。

图 3-4(a) 为测量到的样品 A（红色）和样品 B（黑色）在 PPWG 中经过 100 μm 的空气间隙传输后得到的 THz 脉冲。图 3-4(a) 插入的图像为主脉冲之

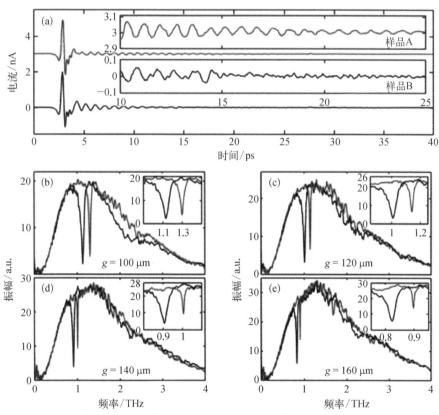

图 3-4 　　（a）空气间隙为 100 μm 时样品 A（红色）和样品 B（黑色）的 THz 脉冲；（b）～（e）空气间隙为 100 μm、120 μm、140 μm、160 μm 时样品 A（红色）和样品 B（黑色）的 THz 脉冲振幅光谱

后存在的与谐振有关的振荡。图 3-4(b)～(e)分别表示通过 100 μm、120 μm、140 μm 和 160 μm 空气间隙后测量得到的样品 A(红色)和样品 B(黑色)的 THz 脉冲振幅光谱。当空气间隙为 100 μm 时,样品 A 和样品 B 的谐振频率分别为 1.29 THz 和 1.13 THz。随着空气间隙逐渐增大,谐振频率向低频方向移动,谐振宽度逐渐变窄,故可通过调整空气间隙来调谐 TM 模式下整个频率区域中的滤波谐振。

图 3-5(a)为当空气间隙从 60 μm 变化到 240 μm 时,样品 A(红色)和样品 B(黑色)的吸收谱。从图中可以看出,随着空气间隙的增加,谐振频率发生了红移同时吸光度变小。由于空气间隙的增大,单槽内的 THz 场变小。当空气间隙变得足够大时,大部分的 THz 场都分布到空气间隙中。另外,当空气间隙为 60 μm 时,样品 B 在 2.09 THz 处产生了二次谐振(与局域驻波腔模式有关)。当

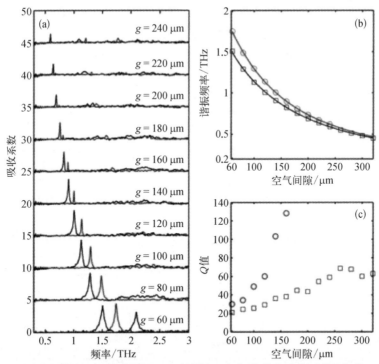

(a)当空气间隙从 60 μm 变化到 240 μm 时,样品 A(红色)和样品 B(黑色)的吸收谱;(b)空气间隙的变化引起的滤波器的谐振频移(实线是数值拟合线,红色圆圈和黑色方格分别表示样品 A 和样品 B);(c)谐振峰 Q 值随空气间隙的变化趋势(红色圆圈和黑色方格分别表示样品 A 和样品 B)

图3-5

空气间隙调整到 240 μm 和 60 μm 时,样品 A 的谐振频率分别为 0.62 THz 和 1.75 THz。频率调谐灵敏度(Frequency Tuning Sensitivity,FTS)定义为 $\Delta f / \Delta g$,其中,Δf 表示谐振频移,Δg 表示空气间隙变化,因此,FTS 值为 6.28 GHz/μm。图 3-5(b)表示样品 A(B)的空气间隙从 60 μm 增加到 240 μm 时谐振频率的变化趋势。实线表示式(3-1)给出的数值拟合线:

$$f_r(g) = \frac{c}{2 \times [d_{eff}(g) + g]} \qquad (3-1)$$

式中,c 为真空中的光速;g 为空气间隙;$d_{eff}(g)$ 为有效槽深,与凹槽上方的空间相比,该槽底部具有非常弱的 THz 场分布,因此,有效槽深与槽的实际高度不一样,它可以表示为 $[d - \Delta d(g)]$,其中,$\Delta d(g)$ 是从凹槽底部开始的电磁场能量很弱的高度。当空气间隙小于 60 μm 时,$\Delta d(g)$ 接近于零(槽中 THz 场完全分布到槽底)。因此,槽的实际高度即为槽的有效高度。当空气间隙足够大时,大部分 THz 场分布在空气间隙中,槽内的 THz 场较弱。因此,有效高度近似等于空气间隙,即 $d_{eff}(g) \approx 0$。$\Delta d(g)$ 的值可以用指数函数拟合。利用指数函数拟合 $\Delta d(g)$ 的公式为 $\Delta d(g) \approx -M \times \exp(-g/N) + y_0$,其中对于样品 A 和样品 B,$M$ 分别为 55.51 和 53.6,N 分别为 83.5 和 134.5,y_0 分别为 29.3 和 34.8。例如,当空气间隙为 60 μm 时,样品 A$[d_{eff}(g) = 25.8\,μm$,其中 $\Delta d(g) = 2.2\,μm]$ 和样品 B$[d_{eff}(g) = 39.5\,μm$,其中 $\Delta d(g) = 0.5\,μm]$ 的有效槽深与总高度 $(d + g)$ 的比值分别约为 30.1% 和 39.7%。样品 A 和样品 B 的谐振频率分别为 1.75 THz 和 1.51 THz。另一方面,由于空气间隙的逐渐增大,两个滤波器的谐振频率几乎相同。当空气间隙为 240 μm 时,样品 A$[d_{eff}(g) = 1.8\,μm$,其中 $\Delta d(g) = 26.2\,μm]$ 和样品 B$[d_{eff}(g) = 14.2\,μm$,其中 $\Delta d(g) = 25.8\,μm]$ 的有效槽深与总高度 $(d + g)$ 的比值分别为 0.7% 和 5.6%。样品 A 和样品 B 的谐振频率分别为 0.62 THz 和 0.59 THz。从图 3-5(c)可以看出,Q 值随着空气间隙的增加而增加。因为样品 A 的槽深比样品 B 的小,所以样品 A 的 Q 值比样品 B 的大,而样品 A 和样品 B 的最大 Q 值分别为 128 和 69。

图 3-6 为样本 B 在直流电压供电下的谐振频率变化(红色方格)和空气间

隙变化(黑色圆圈)的关系。由于压电致动器长度有限,当电压在−50～200 V 变化时,对应的空气间隙在 136～75 μm 变化,间隙变化范围可达 61 μm,滤波器的谐振频率从 0.92 THz($g=136\ \mu m$)变化到 1.34 THz($g=75\ \mu m$)。用 $\Delta f/\Delta U$ 来表示由电压变化引起的 FTS,其中 ΔU 表示电压变化。在整个电压变化范围内,计算出的 FTS 值为 1.67 GHz/V,这表明压电致动器能用于可调谐太赫兹滤波器的装置上。因为大多数压电致动器具有延迟特性,需要额外的控制设备来控制位置和控制速度。

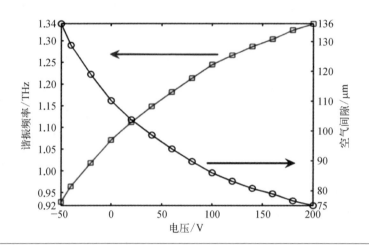

图 3−6
样品 B 在直流电压供电下的谐振频率变化(红色方格)和空气间隙变化(黑色圆圈)的关系

该类型的金属平板波导谐振器可用于太赫兹微流控传感器。以液体烷烃为例,计算在不同折射率(1.35～1.43)下的液体样品的谐振频移。图 3−7(a) 为在 100 μm 空气间隙中,样品 A 槽中 5 种不同流体水平的液体烷烃的谐振频率变化。如果液位增加,谐振频率的灵敏度也会增加。当槽内充满液体时,折射率为 1.35～1.43 时的谐振频率偏差(Δf)为 16 GHz,灵敏度 $\Delta f/\Delta n = 200$ GHz/RIU。当槽宽和槽深分别变为 35 μm(减少 50%;蓝线)和 42 μm(增加 50%;黑线)时,灵敏度水平分别提高到 255 GHz/RIU 和 360 GHz/RIU。当槽宽和槽深都发生变化时(黄线),灵敏度提高到 420 GHz/RIU。在这种情况下,当空气间隙从 100 μm 减小到 50 μm(红线,$\Delta f=52$ GHz)时,灵敏度提高到 650 GHz/RIU,相比在普通样品条件下(绿线)的灵敏度增加了 2.25 倍,如图 3−7(b)所示。

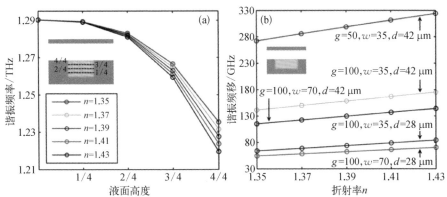

图 3-7   (a) 不同折射率的液面下滤波器的谐振频率；(b) 当槽内充满液体时，不同样品状态下的谐振频移

3.2.3　TE 波入射及谐振特性

1. TE 模的截止频率

本小节主要介绍 TE 波在平行板波导内的传输理论。当输入信号电场在 x 方向上线性偏振时(图 3-8)，即电场平行于波导平面时，在平行板波导中只有 n 阶 TE_n 模式存在。在 PPWG 中的 TE 模的传播相当于随着入射的 s 偏振光在 z 方向上移动两个平面波在平板上来回弹跳。

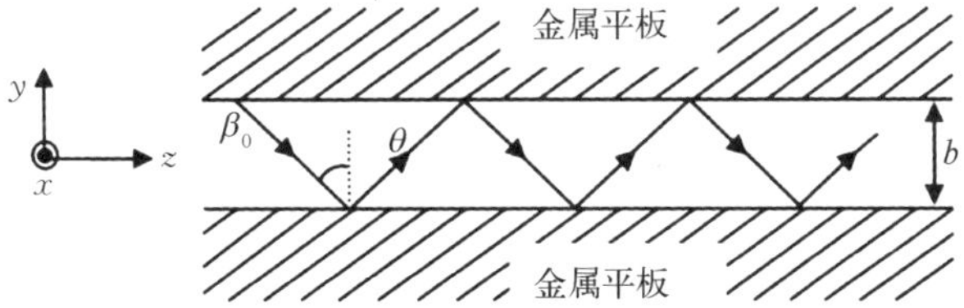

图 3-8
平行板波导信
号传播图

此时的相位常量为

$$\beta_0 = \sqrt{\beta_y^2 + \beta_z^2} = 2\pi/\lambda_0 \tag{3-2}$$

若已知平面波在金属表面的入射角 θ 为

$$\theta = \cos^{-1}\left(\frac{\beta_y}{\beta_0}\right) = \cos^{-1}\left(\frac{n\lambda_0}{2b}\right) \tag{3-3}$$

则相位常数的 y 分量可以写为

$$\beta_y = \beta_0 \cos\theta \tag{3-4}$$

在式(3-2)、式(3-3)中,β_y 和 β_z 分别为 y 和 z 方向的相位常数;$n\lambda_0/2b \leqslant$ 1,所以可以得到波导在 TE 模式下的截止频率 $n\lambda_0/2b=1$,即 $f_c=nc/2b$。在式 (3-3)中,$\lambda_0=c/f$,可以得出入射角 θ 和频率 f 的关系图,如图 3-9 所示。从 图中可以看出当入射波频率减小时,任何与 TE_n 模式有关的入射角 θ 会变小,最 终等于 0°(正入射);当入射波频率增大时,角度 θ 变大,最终达到入射角临界值 (低于 90°)。对于特定的频率,角度 θ 越小阶数 n 越高。

当波导长度一定时,不仅角度会随频率的变化而变化,平面波的反射次数 N 也会随着频率的变化而变化,利用板间距 b 可以求出单位长度的平行板波导 上的反射次数为

$$N = \frac{1}{b}\cot\theta \tag{3-5}$$

其变化规律如图 3-9 所示,当频率增大时,平面波的反射次数减少。

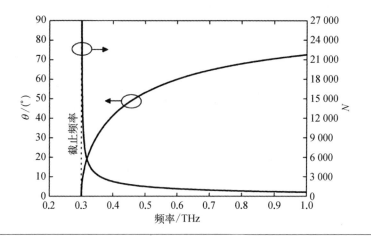

图 3-9
频率与角度和
反射次数的变
化关系

2. TE 模中的类电磁诱导透明效应及其调谐

为了研究 TE 波的入射以及谐振特性,我们设计了如图 3-10 所示的耦合 器件。耦合器件形状为两个截切半圆柱(半径为 32 mm),在中间制作凹槽以 便平行板波导放入。金属材料使用铜。如图 3-11 所示,根据 3.1 节可知沿着

L 和 b 的方向添加两个螺旋测微器不仅可以调整位置,而且还可以减小器件的插入损耗。入射太赫兹波的偏振方向(指电场)为水平方向,以便激发低阶 TE 模。

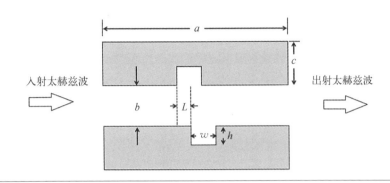

图 3 - 10
双腔 PPWG 器
件框图

图 3 - 11
PPWG样品照片

首先,固定槽偏移 L 为 200 μm(槽宽 w 的一半),研究不同板间距 b 对传输特性的影响。通过对实验数据进行快速傅里叶变换(Fast Fourier Transform,FFT)后得到板间距 b 分别为 610 μm、670 μm、740 μm、780 μm 时的透射率曲线,如图 3 - 12 所示。从图中可以发现样品在 0.3～0.5 THz 的频段出现透射谷,透射谷的数量会随板间距 d 的变化而改变。当 $b=610 \mu m$ 和 $b=670 \mu m$ 时,可以观测到两个透射谷,但当 $b=740 \mu m$ 和 $b=780 \mu m$ 时,只有左透射谷存在,右透射谷退化为振荡。

然后,我们固定板间距 b 为 650 μm,改变槽偏移 L,研究不同槽偏移 L 对传输特性的影响。使用上面类似的方法可以得到图 3 - 13。

通过对图 3 - 13 的观察,可以发现以下两点:(1)透射谷的数量随着槽偏移 L 的变化而改变。在样品上下完全对称时($L=0 \mu m$),只能观测到一个透射谷,但在其他的 L 下,能够观测到多个透射谷。(2)随着槽偏移 L 的增大,左透射谷逐渐变粗,右透射谷逐渐变细。依此可以判断,在样品上下完全对称时($L=0 \mu m$),观测到的应该是右透射谷。

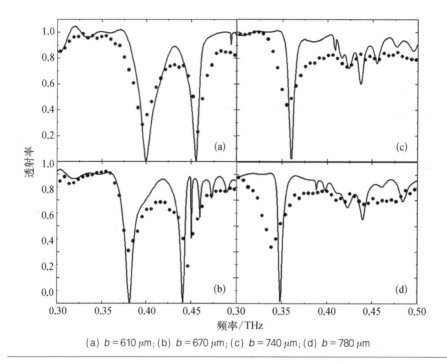

图 3-12
不同板间距 b
的透射率曲线
(线：模拟数据，
点：实验数据)

(a) $b=610\ \mu m$；(b) $b=670\ \mu m$；(c) $b=740\ \mu m$；(d) $b=780\ \mu m$

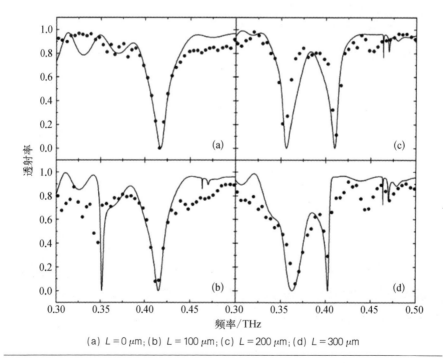

图 3-13
不同槽偏移 L
的透射率曲线
(线：模拟数据，
点：实验数据)

(a) $L=0\ \mu m$；(b) $L=100\ \mu m$；(c) $L=200\ \mu m$；(d) $L=300\ \mu m$

实验中仅在某些特定值测量数据,即板间距 b 为 610 μm、670 μm、740 μm、780 μm 时和槽偏移 L 为 0 μm、100 μm、200 μm、300 μm 时的数据。若取槽偏移 $L = 200$ μm,令板间距 b 在 550~850 μm 变化,得到 0.3~0.5 THz 的透射率,如图 3 - 14 所示。

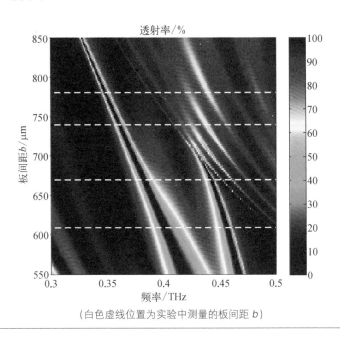

图 3 - 14
模拟透射率与频率和板间距 b 的关系,此时槽偏移 $L = 200$ μm

(白色虚线位置为实验中测量的板间距 b)

图 3 - 12 中透射率曲线对应的板间距位置如图 3 - 14 中白色虚线所示。从图中可以清楚地看到,存在两个稳定模式(两条蓝带)。较高频的模式在 $b = 700$ μm 处截止,之后变为振荡,并在图 3 - 14 右上方形成爪形结构。利用这个特性可以用来制作双通道的滤波开关。

同样地,取板间距 $b = 650$ μm,令槽偏移 L 在 0~450 μm 变化,得到 0.3~0.5 THz 的透射率,如图 3 - 15 所示。从图中可以清楚地看到,同样存在两个稳定模式(两条蓝带)。较低频的模式一开始没有形成,随着槽偏移 L 的增大逐渐变强,对应透射谷的宽度也随之变宽。较高频的模式则呈相反的趋势,并在 $L = 435$ μm 处截止。对比图 3 - 14 与图 3 - 12、图 3 - 15 与图 3 - 13,可以发现两个数值算法的结果都与实验数据吻合得很好。

下面讨论槽偏移和板间距影响的机制分析。我们可以发现槽偏移 L 产生

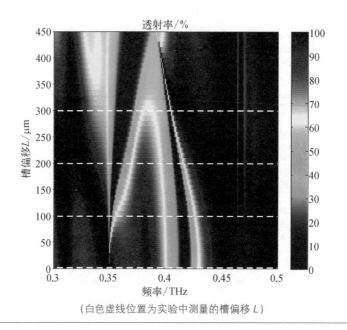

图 3 - 15
模拟透射率与频率和槽偏移 L 的关系，此时板间距 b = 650 μm

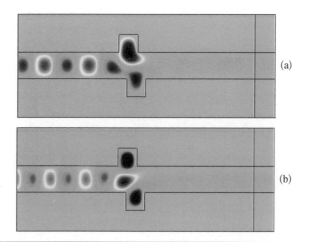

图 3 - 16
低频(a)、高频(b)透射谷中心频率的电场强度分布

的影响较为简单，可以归纳为上下两金属板中槽的对称性的改变，而两个凹槽相当于两个谐振腔。如图 3 - 16 所示，从模拟的电场强度分布中我们可以看出低频透射谷对应的模式应当是两个凹槽本征模式的反相耦合，高频则应当是同相耦合。反相耦合、同相耦合分别记为$|\omega-\rangle$和$|\omega+\rangle$，对应透射谷的中心频率记为$\omega-$和$\omega+$。

当 $L=0$ 时,电磁波到达两个谐振腔的时间相同,两个谐振腔本征模式几乎同时激发(相同的频率),因此只能激发电磁感生透明(Electromagnetically Induced Transparency,EIT)现象的明态。此时由于结构具有最高的对称性,反相耦合模式(反对称模式)被完全遏制,而同相耦合模式(对称模式)的强度达到最大。

当 L 慢慢增大时,对称性被打破。电磁波先到达上方谐振腔,后到达下方谐振腔。上方谐振腔对下方谐振腔有辐射作用,下方谐振腔在被辐射后形成暗态。反相耦合模式出现并逐渐增大,同相耦合模式则相应减少。当 L 达到槽宽 w 附近之后,下方谐振腔只能接到来自上方谐振腔的辐射,而无法通过通道内的电磁波激发。此时,同相耦合模式被完全遏制。

对于两个透射谷之间的频率,由于反相耦合模式和同相耦合模式相互竞争而抵消的作用,因此没有呈现带阻特性。而两个透射谷中心频率随槽偏移 L 增大而靠近,可以用一般干涉理论来解释。电磁波通过这两个谐振腔之间的光程所引起的相位差为

$$\Delta\varphi = L\Delta\beta = L(\beta_+ - \beta_-) = n_{\mathrm{eff}}L\frac{\omega_+ - \omega_-}{c} \tag{3-6}$$

式中,c 为真空中的光速;β 为传播常数;n_{eff} 为有效折射率。由于是带阻特性,选取相干相消条件:$\Delta\varphi = \pi$。当 L 增大时,两个透射谷中心频率差减小。

板间距 b 产生的影响较复杂,两个透射谷的形成机理与槽偏移时基本类似,但漂移需用无槽平板的传播常数来解释。同时还伴随较高频透射谷消失的现象,需用波导理论解释。如图 3-17 所示,入射电磁波在波导内传输存在一定的夹角 θ。如果产生谐振,必定会在竖直方向形成驻波。根据驻波波节的形成条件有

$$\kappa b = n\pi \tag{3-7}$$

根据图 3-17,入射电磁波波矢 $\boldsymbol{k}_0$ 的正交分解有

$$\boldsymbol{\kappa} = \boldsymbol{k}_0 \cos\theta = \boldsymbol{k}_0 \cos\left(\arcsin\frac{\beta}{\boldsymbol{k}_0}\right) \qquad (3-8)$$

入射电磁波对应的真空中的波矢 $\boldsymbol{k}_0$ 仅与角频率 ω 有关：$\boldsymbol{k}_0 = \omega/c$。

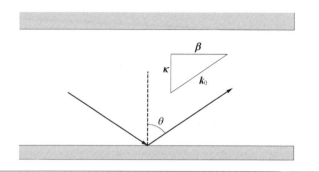

图 3 - 17
入射电磁波波
矢的正交分解

联立式(3-7)和式(3-8)得到不同频率 ν 和不同板间距 b 的传播常数 β。图 3-18 中稳定模式中的传播常数 β 应当处处相等。因此图 3-14 中稳定模式的走向应当与图 3-18 中等传播常数线走向相同。

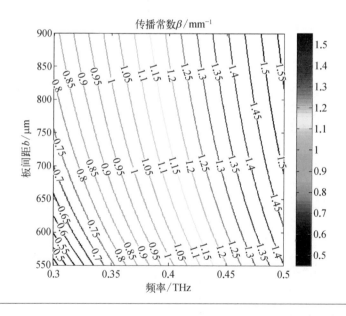

图 3 - 18
等传播常数
线图

考虑到 PPWG 亦是波导，所以使用能量-动量（E-p）空间描述其模式分布更为直观。做变换 $f = 1/b$，f 为板间距 b 对应的波数（空间频率）。根据波粒二象性定律，有

$$E = \hbar\omega = h\nu \qquad (3-9)$$

$$\boldsymbol{p} = \hbar\boldsymbol{k} = h\boldsymbol{f} \qquad (3-10)$$

式中，$\hbar$ 为约化普朗克常数；h 为普朗克常数。略去不影响结果的约化普朗克常数 $\hbar$，能量-动量（$E-p$）空间可用频率-波数（$\nu-f$）的色散关系表示。对图 3-14 进行简单的变换得到图 3-19。图 3-14 中高频透射谷的截止频率线（图中右上方的双曲线形）变换成图 3-19 中的直线（白色实线）。这条直线过原点，其斜率为 $0.3\ \mathrm{THz/mm^{-1}} = 3 \times 10^8\ \mathrm{m/s}$，即光速线。

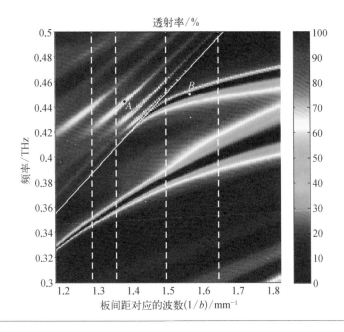

图 3-19
样品模拟透射率 T 的色散关系图。虚线对应实验中测量过的板间距 b，白色实线为光速线

根据已有的波导理论，在光速线上方区域（超光速区）无法激发导模，只能激发辐射模；而在光速线下方区域（亚光速区），能够激发导模，从而形成可以观测的透射谷（图 3-19）。

根据式（3-7），特定入射波长 λ 和板间距 b 与能够存在的最大模式阶数 $n_{\max}$ 的关系为

$$n_{\max} = \max\left(\frac{\kappa b}{\pi}\right) = \frac{\max(\kappa)b}{\pi} = \frac{k_0 b}{\pi} = \frac{\frac{2\pi}{\lambda}b}{\pi} = \frac{2b}{\lambda} \qquad (3-11)$$

取式(3-11)中 $n_{\max}=1$ 和 $n_{\max}=2$ 时的极限条件并代回式(3-7),得到限制条件:$b=\lambda/2$、$\theta=0°$ 和 $b=\lambda$、$\theta=60°$,其中,$b=\lambda$、$\theta=60°$ 这个条件就是图3-19中的光速线,而 $b=\lambda/2$、$\theta=0°$ 代表了波矢只存在垂直于传播方向分量的情况。

根据 b 和 λ 的大小关系,可以将色散图分成3个观察范围(图3-19)。(1)若 $b<\lambda/2$,此时能激发的最大模式阶数 $n_{\max}$ 为0,即无任何可稳定传播的模式存在。(2)若 $\lambda/2<b<\lambda$,此时能激发的最大模式阶数 $n_{\max}$ 为1,即仅最低阶横电模 $\mathrm{TE_1}$ 得以激发。这种模式在竖直方向上满足相消相干条件:$\Delta\phi=\kappa b=\pi$,能够效率最大化地传输能量,为导模。(3)若 $b>\lambda$,也就是在光速线上方,此时能激发的最大模式阶数 $n_{\max}$ 大于1,能够激发最低阶横电模 $\mathrm{TE_1}$ 以及更高阶的横电模。高阶横电模有较多能量耗用在竖直方向上的传播,为辐射模。

图3-20为图3-19中两个特征点(A 点和 B 点)的电场强度分布图,一张代表辐射模场分布[A 点,图3-20(a)];另一张代表高频透射谷中的导模场分布[B 点,图3-20(b)]。在图3-20(a)中受高阶横电模的影响,电磁波在竖直方向上未形成稳定的驻波波节。为保证水平方向形成行波,只能在竖直方向上下摆动,形成之字形路线,谐振相消引起的带阻效果较差,无法形成透射谷。而在图

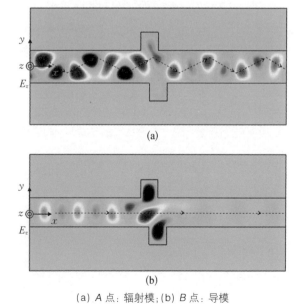

(a) A 点:辐射模;(b) B 点:导模

图3-20
图3-19中导模和辐射模的电场强度分布图

3-20(b)中电磁波在竖直方向上形成稳定的驻波波节,在水平方向形成行波,与两个谐振腔耦合良好,谐振相消引起的带阻效果较好,能够形成透射谷。

3.3　金属平板波导端面的 SSPPs 反射特性

从第 1 章可知,在完美导体的表面上不支持局域性强的表面波。如果加入周期结构到光滑的金属表面,可激发 SSPPs。SSPPs 在一定频率范围内通过改变周期结构的几何尺寸来控制其色散特性。本节介绍在 PPWG 端面通过 SSPPs 增强反射的技术。

在前面的描述中,我们已经表征了 PPWG 的 TE 和 TM 的传输特性。当在平行板波导中以 TEM 模式传播的电磁波遇到波导终端阻抗失配时,从 PPWG 的特征阻抗到自由空间的阻抗(377 Ω)存在阻抗的不连续性。因此,阻抗失配会导致输出端发生反射,反射率随板间距的减小而增大。

如果利用 SSPPs 结构构造输出端面,可以控制输出端面的特性阻抗,从而实现阻抗匹配,还可以在波导端面处实现高反射率。如图 3-21 所示,在 PPWG 上波导板和下波导板的输出端面上平行于波导的输出孔口设计周期性凹槽结构。两个波导板上的凹槽图案镜面对称。图 3-21(a)为输出端面上与波导出口孔相邻的 5 个周期性凹槽的图案的横截面。单个槽的横截面是矩形,周期 a 为 152 μm。通过改变板间距 b、凹槽深度 h、结构长度 d 以及从第一凹槽到波导孔

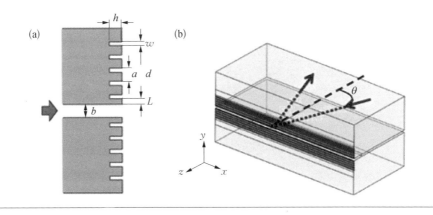

图 3-21
槽形波导示
意图

径边缘的距离 L，可调谐 SSPPs 的耦合频率和强度。THz 波的入射角为 θ，则反射率可表征为角度的函数，如图 3 - 21(b)所示。

　　图 3 - 22(a)的曲线图为入射角为 0°时，反射率随频率的变化关系（参数设置如图所示）。在选定的频率（174 GHz）下，输出端面的反射率（峰值反射率）达到 99% 以上。红色曲线显示使用在输出端面上没有凹槽图案的 PPWG 的反射率。相对于没有任何凹槽图案的波导，端面做了结构化处理以后，其反射率显著增大。图 3 - 22(b)显示了频率为 174 GHz 处电场分布的横截面图。大部分出射的太赫兹波能量集中在沟槽附近和波导的输出端面上，耦合到远场的能量很少。PPWG 每个板上的凹槽的数量对反射率有一定影响。如图 3 - 22(c)所示，随着凹槽数量的增加，峰值反射率增大。当凹槽数量大于 4 时，峰值反射率已经接近 100%。

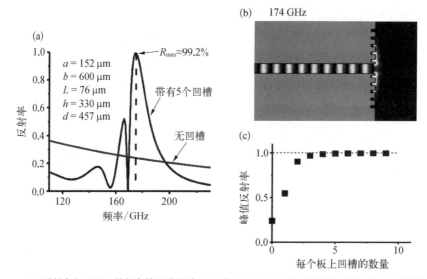

(a) 反射率与 PPWG 的频率的函数关系；(b) 在 174 GHz 下，PPWG 的输出端的电场分布横截面图；(c) 作为每个板上凹槽数量的函数的峰值反射率

图 3 - 22

　　可以使用简单的 RLC 电路模型定性分析这种高反射率产生的物理机理（图 3 - 23）。由于 PPWG 的板间距 b 和凹槽的尺寸在尺度上是亚波长的，所以整个结构可以表示为如图 3 - 23(a)所示的短偶极天线。PPWG 充当馈电电路，带凹槽的输出端面作为天线臂。等效电路模型如图 3 - 23(b)所示。假设偶极天

线的一个臂的有效长度 $x = b/2 + L + \eta d$,其相当于相应的波导结构的物理尺寸。这里,η 表示反射率接近 100% 时的凹槽数量。如图 3-23(b)所示,当波导模式和 SSPPs 共振时,大部分能量集中在前 3 个槽中,所以 $\eta = 3$。在这种情况下,结构的电容近似于线性偶极子天线的电容:

$$C \approx \pi\varepsilon_0 x / \lg(x/h) \tag{3-12}$$

根据数值模拟,当波导模式和 SSPPs 共振时,大部分磁场线集中在槽内,因此可以通过使用平均磁场乘以凹槽面积来估计磁通量 φ。由于天线电流由 PPWG 馈电,不受凹槽结构的影响,因此是恒定值,所以电感大致与凹槽面积(ηah)成比例。对于图 3-23(b)所示的电路,谐振频率 $\omega = 1/\sqrt{LC}$。由此,谐振频率与赝表面等离子激元结构的几何参数 h、b、L 和 d 的函数关系近似表示为

$$\omega \propto \sqrt{\lg(x/h)/\eta ah \cdot \pi\varepsilon_0 x} \tag{3-13}$$

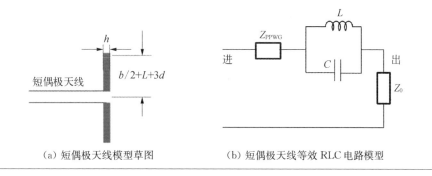

图 3-23

(a) 短偶极天线模型草图   (b) 短偶极天线等效 RLC 电路模型

图 3-24 给出了 PPWG 波导的传输和反射的实验结果(每个板刻蚀 5 个矩形槽图案)。归一化透射率定义为太赫兹波通过有凹槽和没有凹槽的相同尺寸的波导的透射谱之比。当板间距为 600 μm 时,针对两个不同的频率 197 GHz 和 234 GHz 分别优化凹槽的参数(L,h,d 和 b)。图 3-24(a)和图 3-24(b)显示了优化后的结果。在这两种频率入射下,归一化透射率接近 0%,同时归一化反射率接近于 1(>99%)。这些结果与数值模拟结果匹配。结果表明,可以通过修改金属表面结构的几何参数来调整峰值频率,同时在设计的频率下保持近乎完

美的反射。值得指出的是,当输出端面没有凹槽图案时,在两个频率处反射系数均小于 20%。有凹槽与没有凹槽情况下的反射率相差达到 5 倍。

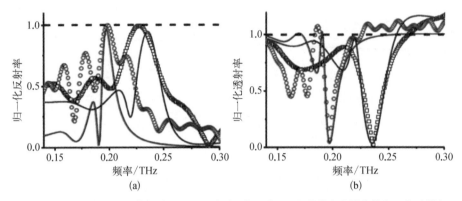

(a)　　　　　　　　　　　　(b)

谐振频率为 197 GHz(蓝色)和 234 GHz(红色)的两种不同太赫兹波导器件的归一化反射率 (a)和归一化透射率(b)。圆圈表示实验结果,实线表示数值模拟的结果。波导结构参数:对于蓝色的图像,板间距 $b = 600\ \mu m$,$w = 152\ \mu m$,$L = 100\ \mu m$,$d = 475\ \mu m$,$h = 274\ \mu m$;对于红色的图像,$b = 200\ \mu m$,$w = 152\ \mu m$,$L = 228\ \mu m$,$d = 457\ \mu m$,$h = 205\ \mu m$

图 3 – 24

利用这种端面的反射特性,我们可以设计金属平板波导的太赫兹分插复用器。以两个信道为例,上平板和下平板分别为凹槽形状、尺寸完全相同的直角梯形体分插复用器 A 板和分插复用器 B 板,两个直角梯形体板的上下两面位置上分别刻有 5 个凹槽,每一面的 5 个凹槽等距、不居中分布,两面的凹槽间距不同,无凹槽的平行面正对上下放置,中间放有等高的垫片,保证两板平行,并在板间形成一个狭缝,并使两板之间的凹槽近的一面相对,固定好后放置在水平旋转台上,如图 3 – 25(a)(b)所示。分插复用器 A 板与分插复用器 B 板之间的距离 b_1 为 600 μm;直角梯形体的上下两面的凹槽深度 h_1、h_2 分别为 274 μm、245 μm,凹槽宽度 w_1、w_2 分别为 152 μm、136 μm,凹槽周期(即相邻槽之间的距离)d_1、d_2 分别为 475 μm、425 μm;第一个凹槽与最近的直角梯形体边的距离 L_1、L_2 分别为 100 μm、90 μm。板间及凹槽内的介质为空气。使用时域光谱(Time-Domain Spectroscopy, TDS)系统的光电导接收器对有凹槽的两个面的输出信号进行采集,发现直角梯形体长边凹槽表面输出信号[图 3 – 25(c)中 f_1、f_1 的输出面的参数为 h_1、w_1、d_1、L_1]中无 0.197 THz 附近的太赫兹波,而直角梯形体短边凹槽表面的输出信号[图 3 – 25(c)中 f_2、f_2 的输出面的参数为 h_2、w_2、d_2、L_2]

中无 0.216 THz 附近的太赫兹波。因此,当带有 0.197 THz 和 0.216 THz 的两个信道的太赫兹信号在与直角梯形体的斜面垂直的方向入射时,采集两个侧边凹槽出射的已分离的太赫兹波的信道,可实现太赫兹分插复用器的功能。

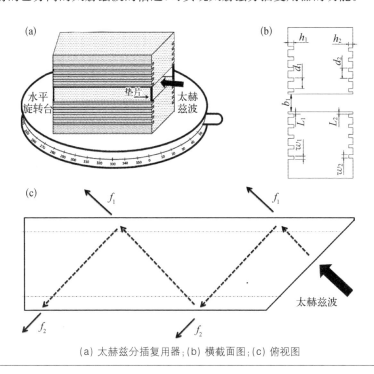

图 3-25 　　　　　　　　　　(a) 太赫兹分插复用器;(b) 横截面图;(c) 俯视图

此外,与不同介质交界处由于全反射引起的古斯-汉欣位移类似,该 SSPPs 耦合也会导致在反射端面中心点的位置引入一个横向偏移的量,这种横向位移 Δ 可类比古斯-汉欣效应。两种效应都可以解释为平行于界面的全反射效应(隐失波)产生的相位突变。在传统的古斯-汉欣效应中,隐失波的波矢量位于入射平面上,而在这里,隐失波的波矢量由垂直于入射平面的波矢分量产生。对这种古斯-汉欣位移的深入研究将有助于推动在 THz 频段对自旋霍尔等物理效应的理解和实现。

3.4　小结

本章中,我们介绍了在平行板金属波导谐振腔中,通过激发 TE 模和 TM 模产生谐振效应,这些谐振效应在高灵敏度传感、类电磁诱导透明及其调控,以及通道可调太赫兹滤波等领域有广泛应用。如果将波导的端面设计为周期结构,在端面处 THz 波耦合到 SSPPs,会产生完美反射,这在太赫兹波分复用通信领域应用广泛。

4

太赫兹光子晶体板
中的表面等离激元

4.1 引言

所谓光子晶体板(Photonic Crystal Slab，PCS)结构，是指在金属或介质上加工周期性排布的通孔。1998年，Ebbesen等首次报道了光波透过金属薄膜上的亚波长小孔阵列时会产生超强透射现象。这种新颖的现象引起了大量的关注，使得对于金属孔径透射特性的研究迅速成为亚波长光学中的研究热点。在THz波段，在用金属和高掺杂半导体制造的PCS(亚波长孔阵列)中均观察到了THz SPPs的增强传输效应。本章通过硅材料PCS以及金属材料PCS的THz透射增强效应，介绍蕴含在其中的新奇物理现象。

4.2 SPPs的异常透射增强: 从可见光到THz波

众所周知，当电磁波透过金属小孔时，如果孔径尺寸远大于光波长，光的透射率可通过夫琅禾费衍射理论计算得到，此时光斑是艾里(Airy)斑，透射率接近1。当孔径尺寸接近或小于光的波长时，根据Bethe理论，透射率与a/λ(a为小孔的直径，λ为入射光波长)的四次方成正比；当$a/\lambda < 1$时，透射率趋近于零，所以，亚波长孔径对电磁波的透射率很低。然而，1998年，Ebbesen等测量金属亚波长孔阵列时首次发现了光波段的透射增强现象：当一束可见光照射在具有周期性亚波长孔阵列的金属薄膜上时，在某些波长上观察到一些异常的透射增强效应。该结果对传统的Bethe理论提出了巨大的挑战。Ebbesen小组认为，入射光照射到金属表面时会产生衍射波，一部分衍射波以隐失波的形式束缚于界面，如果某一阶衍射波刚好与表面等离子极化波动量匹配，则SPPs被共振激发，导致金属表面场的极大增强，出现异常透射效应。2001年，L. Martín-Moreno也指出，当某些特定波长的入射光照射在具有亚波长周期结构的金属表面时，会与存在于金属微结构表面的SPPs发生共振，从而能激发出沿着金属周期结构表面传播的SPPs波。

这种表面模式会吸收大量入射光场的能量,与周期结构耦合后在缝隙中传播,并最终在缝隙出口处以光场的形式将能量激发出来,从而产生透射增强现象。然而,SPPs理论解释的透射峰位置与实验不符,宽度也比实际测量大。此后,很多不同的理论被提出,例如 Treacy 的动力学理论、Cao 与 Lochbihler 对 SPPs 观点的反驳、Lezec 和 Thio 提出的隐失波复合衍射(Composite Diffracted Evanescent Waves,CDEW)模型,以及 Liu 等提出的双波(SPPs波和准柱面波)模型。相较而言,双波模型结合了 SPPs 模型和动态衍射模型,比较好地解释了透射增强机制。

SPPs 只有在相邻介质的介电常数实部相反时才能存在,理想导体表面是无法激发表面波的。在 THz 波段,金属的介电常数比在光波段大好几个数量级,其光学性质相当于完美导体,在 2004 年,多个小组发现了金属亚波长孔径结构(或金属 PCS)在 THz 波段的透射增强效应,而这种异常透射效应并不能用基于 SPPs 的理论解释,因为在光滑的理想导体表面不存在束缚性强的 SPPs 波。Pendry 提出在低频段金属 PCS 表面存在 Bloch 波(即 SSPPs),同光频段的 SPPs 特性相似。通过这样的 SSPPs 模式就可以解释理想导体中的异常透射效应。此后,多个不同类型的孔阵列结构被研究,如在基底面上镀亚光波长量级的金属薄膜周期孔阵列、不同形状的孔结构、双层金属孔阵列等。此外,人们不仅用金属来实现 THz SPPs 的透射增强,而且还用高掺杂半导体来实现,并且实验观察到了从 SPPs 到光子晶体振荡波的转换过程。以下我们主要介绍半导体 PCS 和金属 PCS 结构的透射增强效应。

4.3 二维半导体 PCS 的 SPPs 谐振特性

在 THz 波段,当半导体材料的载流子浓度很高时,其复介电常数的实部为负值,表现出类金属行为。例如,在高掺杂浓度的单晶硅薄片上制作的 PCS 中,观察到了 SPPs 谐振的显著增强效应。相对应地,低载流子浓度的半导体材料(例如高阻硅),其复介电常数的实部为正值,表现出类似绝缘体的介电特性,从而不支持 SPPs。在本节中,我们通过光控方法调控半导体 PCS 中的载流子浓度,使得半导体 PCS 属性由类绝缘体特性转化为类金属特性,从而在低载流子浓度的半导体 PCS 中实现 SPPs 谐振增强效应。在实验中通过改变激光激励强度观察到了 THz 波从光子晶体效应转换到 SPPs 效应。

在实验中,我们使用面积为 10 mm×10 mm、厚度为 30 μm 的 n 型单晶硅片 PCS,其电阻率为 10 $\Omega \cdot$ cm,载流子浓度为 4×10^{14} cm^{-3}。在 TDS 系统中,THz 源采用 2 mm ZnTe 晶体,其产生带宽为 2.5 THz 的太赫兹脉冲;探测器采用 1 mm ZnTe 晶体。n 型单晶硅片 PCS 由周期为 160 μm 的椭圆孔(80 μm×40 μm)构成。图 4-1 所示为利用激光泵浦-THz 波探测系统观察半导体 PCS 示意图。飞秒激光脉冲通过缩束产生直径为 1.8 mm 的光斑,并准直照射在 PCS 样品上,用于光控单晶硅表面(约 10 μm 厚)的载流子浓度(改变复介电常数)。为保证 THz 脉冲经过的样品表面的载流子分布均匀,要求聚焦在样品表面的 THz 脉冲与激光光斑重合。

图 4 - 1 利用激光泵浦-THz 波探测系统观察半导体 PCS 示意图

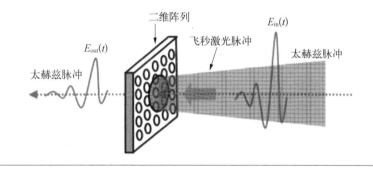

在 111 mW 激光激励下,THz 脉冲通过单晶硅 PCS 随频率变化的振幅传输系数即 THz 电场经过孔阵列和直接穿过空气的传输振幅之比:$|E_{sam}(\omega)/E_{air}(\omega)|$(图 4-2)。垂直和平行于椭圆孔长轴方向的两个孔阵列的 SPPs 谐振频率分别为 1.50 THz([±1, 0])和 1.85 THz([0, ±1]),对应的能量归一化透射率分别为 460% 和 137%,这证明了 SPPs 谐振的增强效应。在 1.95 THz 处的波谷为 Wood's Anomalies 效应。在正入射条件下,具有金属特性的 PCS 的 SPPs 谐振波长表示为

$$\lambda_{sp}^{m,n} = L(m^2 + n^2)^{\frac{1}{2}} Re \left(\frac{\varepsilon_1 \varepsilon_2}{\varepsilon_1 + \varepsilon_2} \right)^{\frac{1}{2}} \tag{4-1}$$

式中，L 为 PCS 的周期；ε_1 和 ε_2 分别为 THz 波入射界面处两种材料的介电常数（由于介质为空气，$\varepsilon_1 = 1$；对于激光激励下具有金属特性的硅，$\varepsilon_2 = \varepsilon_{r2} + i\varepsilon_{i2}$）；$m$ 和 n 是整数（模式数）。

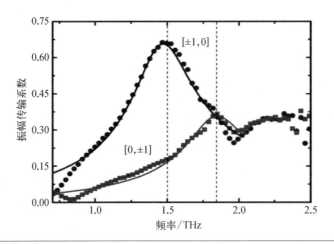

图 4-2 入射 THz 电场方向分别垂直（蓝色）和平行（红色）于椭圆孔长轴方向，在 111 mW 激光激励下，THz 脉冲通过单晶硅 PCS 的振幅传输系数随 THz 频率变化的关系曲线（圆点和方点为实验值，实线为采用 Fano 模型的理论拟合值）

在 PCS 中，THz 波的传输由两种散射效应相互作用所决定：处于连续状态的电磁波和介质之间的直接散射过程和处于离散状态的电磁波和介质之间的共振响应过程（SPPs 谐振效应）。整个过程可以用 Fano 模型来描述：

$$T(\omega) \propto T_b \left(1 + \sum_\nu \frac{q_\nu}{\varepsilon_\nu} \right)^2 / \left[1 + \left(\sum_\nu \frac{q_\nu}{\varepsilon_\nu} \right)^2 \right] \qquad (4-2)$$

式中，$\varepsilon_\nu = (\omega - \omega_\nu)/(\Gamma_\nu/2)$，$\omega_\nu$ 为响应频率，Γ_ν 为线宽；$|T_b|$ 是来自零阶连续散射态的透射率。离散的共振态由响应频率 ω_ν、线宽 Γ_ν 以及 Breit-Wigner-Fano 耦合系数来表征。图 4-2 的实线给出了基于 Fano 模型的拟合结果，理论值与实验值吻合较好。

当用一定强度的激光照射单晶硅时，其复介电常数的实部由正变负，表现出明显的金属特性。例如，用 111 mW 的激光入射低载流子浓度的半导体 PCS，其 THz 脉冲传输特性表现出异常增强效应，这是由 SPPs 谐振增强效应引起的。当频率高于 0.8 THz 时，硅的复介电常数符合 Drude-Smith 模型，其电导率可表述为

$$\sigma(\omega) = \frac{\varepsilon_0 \omega_p^2 \tau}{(1 - i\omega\tau)} \left[1 + \sum_{n-1}^{\infty} \frac{C_n}{(1 - i\omega\tau)^n} \right] \qquad (4-3)$$

式中，$\omega_p = \sqrt{Ne^2/\varepsilon_0 m^*}$ 为等离子体频率，N 为载流子密度，m^* 为载流子的有效质量，e 为电子电荷，ε_0 为真空介电常数；τ 为载流子弛豫时间；C_n 为 n 阶比例系数。根据介电函数与电导率的关系，$\varepsilon(\omega) = \varepsilon_r + i\varepsilon_i = \varepsilon_\infty + i\sigma_i(\omega)/\omega\varepsilon_0$，可以得到相应的 Drude-Smith 复介电常数的理论值。取 $\tau = 0.20$ ps，$C_1 = -0.98$，则载流子浓度 $N = 9.9 \times 10^{17}$ cm^{-3}。

实验中，激光激励强度从 0 mW 逐步增加到 111 mW，则 THz 脉冲经历从光子晶体效应到 SPPs 谐振效应的动态演变过程。图 4-3 是在 1.50 THz 处，单晶硅的复介电常数随激光激励强度变化的实验测量结果。从图中可看出，复介电常数实部的变化过程与激光激励强度密切相关。当激光激励强度大于 3 mW 时，硅表现出金属特性，透射系数表现出 SPPs 谐振增强效应。图 4-4 是不同激光激励强度下 THz 脉冲通过单晶硅 PCS 的频谱曲线。在激光激励强度较弱的情况下，THz 脉冲传输特性表现为光子晶体效应，谐振频率分别为 0.97 THz、1.40 THz 和 1.78 THz。当激光激励强度增加时，SPPs 谐振效应逐步增强，光子晶体效应则逐步减弱。继续增加激光激励强度，SPPs 谐振峰发生红移，而传输振幅进一步增强。此外，在 12.5 mW 时，1.60 THz 附近出现新的谐振峰（SPPs 振荡），这是由于硅 PCS 的金属特性随着激光激励强度的增加而增强。当激光

图 4-3
在 1.50 THz
处，单晶硅的
复介电常数随
激光激励强度
变化的实验测
量结果（其中
圆点和方点分
别对应复介电
常数的实部和
虚部）

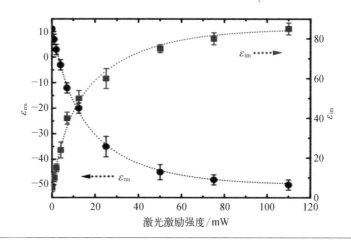

激励强度达到 25 mW 时,THz 脉冲能量传输透射率为 25.5%。当激光激励强度
增加到 111 mW 时,其能量传输透射率增至 45%,对应于 460% 的高归一化透
射率。

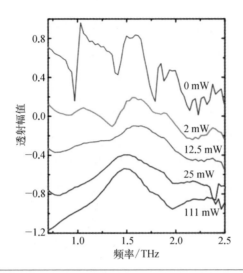

图 4-4
不同激光激励
强度下 THz 脉
冲通过单晶硅
PCS 的 频 谱
曲线

4.4 二维金属 PCS 传输特性

金属 PCS 由于其在滤波、极化、传感、成像等领域的广泛应用,已成为热门
的研究领域。因此,如何设计和分析金属 PCS 中的光子能带结构和表面波特性
显得十分重要。在本节中,我们重点介绍基于三角形晶格的金属 PCS 的超常透
射、光子能带和表面波特性。首先,我们对金属 PCS 建模,解释超常透射机理;
然后,我们推导和讨论光子能带沿着 ΓM 和 ΓK 晶格方向的能带图,分析不同的
表面波特征;最后解释非对称入射下观察到的 ΓM 和 ΓK 晶格方向上的模式分
裂效应。我们建立了描述这种模式分裂效应的精确的表面模式谐振频率公式,
并对金属 PCS 的色散进行了定量分析。以上的研究结果推动了金属 PCS 的应
用,并在 THz 功能器件领域有着广泛的应用。

金属 PCS 的周期性排布可以使用正方形或三角形网格。该结构能在 THz
波段形成带通传播通道。入射角度、通孔形状、几何尺寸、排列周期和孔内介质

都会对其传输特性产生影响。如图 4-5 所示,本节研究采用圆孔、三角形网格,材质为纯铝,其表面镀铬防止氧化。

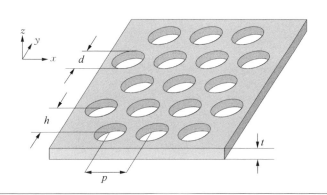

图 4-5
金属圆孔阵列
周期性排布示
意图

金属 PCS 结构示意图如图 4-6 所示。图中给出的金属 PCS 由在铝(Al)板上的三角形孔阵列组成,尺寸为 $t = 0.25$ mm, $d = 0.7$ mm, $p = 1.13$ mm。 THz 波垂直入射到金属 PCS 上(蓝色入射波)。金属 PCS 几何尺寸为 50 mm,保证周期数量。

图 4-6
尺寸为 $t = 0.25$ mm、$d = 0.7$ mm 和 $p = 1.13$ mm 的金属 PCS 结构的示意图,以及 THz 波沿着垂直方向(蓝色),与 x 轴呈 θ 角(ΓM)、与 y 轴呈 θ 角(ΓK)方向斜入射的示意图

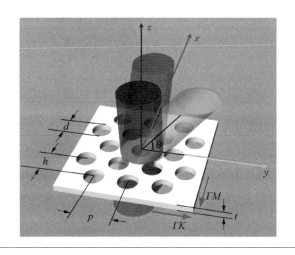

ΓK 和 ΓM 方向已在图 4-6 中标出。考虑到金属 PCS 中的波矢和入射波波矢之间的相互作用及匹配条件,入射 THz 波在金属 PCS 上与光栅常数 p、入射角 θ 等参数密切相关,则金属 PCS 平面上的表面波矢量 $\boldsymbol{k}_{sur}$ 可表示如下:

$$| \boldsymbol{k}_{\text{sur}} | = | \boldsymbol{k}_x + m\boldsymbol{G}_x + n\boldsymbol{G}_y | \tag{4-4}$$

式中,m 和 n 是整数;$\boldsymbol{k}_x$ 表示 x 方向传播的波矢分量,可以定义为

$$\boldsymbol{k}_x = \begin{cases} \boldsymbol{k}_{/\!/}\,(1,\,0,\,0),\ \Gamma M \\[2mm] \boldsymbol{k}_{/\!/}\,\left(1,\,\dfrac{1}{\sqrt{3}},\,0\right),\ \Gamma K \end{cases} \tag{4-5}$$

式中,$\boldsymbol{k}_{/\!/}$ 表示平行于金属 PCS 的表面波矢;$\boldsymbol{G}_x$ 和 $\boldsymbol{G}_y$ 分别是六边形网格中沿 x 和 y 方向的倒格矢,可以表示为

$$\boldsymbol{G}_x = \frac{2\pi}{p}\left(\frac{2}{\sqrt{3}},\,0,\,0\right) \tag{4-6}$$

$$\boldsymbol{G}_y = \frac{2\pi}{p}\left(\frac{1}{\sqrt{3}},\,1,\,0\right) \tag{4-7}$$

则式(4-4)可以改写为

$$| \boldsymbol{k}_{\text{sur}} | = \begin{cases} \left[\left(\boldsymbol{k}_{/\!/} + m\,\dfrac{2\pi}{p}\cdot\dfrac{2}{\sqrt{3}} + n\,\dfrac{2\pi}{p}\cdot\dfrac{1}{\sqrt{3}}\right)^2 + \left(n\,\dfrac{2\pi}{p}\right)^2\right]^{1/2},\ \Gamma M \\[4mm] \left[\left(\boldsymbol{k}_{/\!/} + m\,\dfrac{2\pi}{p}\cdot\dfrac{2}{\sqrt{3}} + n\,\dfrac{2\pi}{p}\cdot\dfrac{1}{\sqrt{3}}\right)^2 + \left(\dfrac{\boldsymbol{k}_{/\!/}}{\sqrt{3}} + n\,\dfrac{2\pi}{p}\right)^2\right]^{1/2},\ \Gamma K \end{cases} \tag{4-8}$$

当电磁波从外部入射时,金属 PCS 可以支持表面波,这种表面波在金属和空气的界面处传播,并耦合到自由空间中。在孔的直径趋近于零时,表面波波矢可以表示为

$$| \boldsymbol{k}_{\text{sur}} | = | \boldsymbol{k}_{\text{sp}} | = \frac{2\pi f_{\text{sp}}}{c}\sqrt{\frac{\varepsilon_1 \varepsilon_2}{\varepsilon_1 + \varepsilon_2}} \tag{4-9}$$

式中,$\boldsymbol{k}_{\text{sp}}$ 为表面波共振矢量;f_{sp} 为表面波的谐振频率;c 为真空中的光速;ε_1 为覆盖金属 PCS 的材料的介电常数;$\varepsilon_2 = \varepsilon_{r2} + i\varepsilon_{i2}$ 是金属介电常数(ε_{r2} 和 ε_{i2} 分别是金属介电常数的实部和虚部)。Al 的介电常数在 1 THz 波段为 $-44\,900 + i511\,000$,这比在可见光范围内的数值大得多,所以式(4-9)右边根号内的项可近似为 1。

根据式(4-8)和式(4-9),我们画出了金属 PCS 在 ΓM 和 ΓK 方向的完整的光子能带图,如图 4-7 所示。为了方便起见,将图 4-7 中的色散图折叠到第一布里渊区里。在 ΓM 方向,有一个强的谐振峰色散线(红线)和三个弱的谐振峰色散线。红线对应的是表面波模式 $(-1,0)$,我们发现模式 $(-1,0)$ 有陡峭的负斜率,与真空中的光色散线几乎相同。然而,在 ΓK 方向,有一个强的谐振峰色散线(蓝线)和两个弱的谐振峰色散线。蓝线对应于表面波模式 $(0,-1)$。

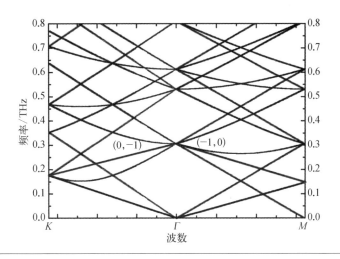

图 4-7
金属 PCS 在
ΓM 和 ΓK 方向
的完整的光子
能带图

接着,我们展示了表面波的共振峰随入射角的变化。THz 波在 ΓM 和 ΓK 两个方向上以一定的入射角入射,如图 4-6 所示。表面波的谐振频率 f_{sp} 不仅受孔阵的几何构造影响,还受入射角 θ 的影响。显而易见,$\boldsymbol{k}_{/\!/}$ 可以表示为

$$\boldsymbol{k}_{/\!/} = \mid \boldsymbol{k}_{sp} \mid \sin\theta = \frac{2\pi f_{sp}}{c}\sqrt{\frac{\varepsilon_1 \varepsilon_2}{\varepsilon_1 + \varepsilon_2}} \approx \frac{2\pi f_{sp}\sin\theta}{c} \qquad (4-10)$$

将式(4-9)和式(4-10)代入式(4-8)可得

$$\left(\frac{2\pi}{c}f_{sp}\sin\theta + m \cdot \frac{2\pi}{c} \cdot \frac{2c}{p\sqrt{3}} + \frac{n}{2} \cdot \frac{2\pi}{c} \cdot \frac{2c}{p\sqrt{3}}\right)^2$$

$$+ \left(n \cdot \frac{\sqrt{3}}{2} \cdot \frac{2\pi}{c} \cdot \frac{2c}{p\sqrt{3}}\right)^2 = \left(\frac{2\pi f_{sp}}{c}\right)^2, \; \Gamma M \qquad (4-11)$$

$$\left(\frac{2\pi}{c}f_{sp}\sin\theta + m\cdot\frac{2\pi}{c}\cdot\frac{2c}{p\sqrt{3}} + \frac{n}{2}\cdot\frac{2\pi}{c}\cdot\frac{2c}{p\sqrt{3}}\right)^2$$

$$+\left(\frac{2\pi}{c}\cdot\frac{f_{sp}}{\sqrt{3}}\sin\theta + n\cdot\frac{\sqrt{3}}{2}\cdot\frac{2\pi}{c}\cdot\frac{2c}{p\sqrt{3}}\right)^2 = \left(\frac{2\pi f_{sp}}{c}\right)^2, \Gamma K \tag{4-12}$$

如果我们定义 f_0 是在垂直入射时的零阶表面波谐振频率，$f_0 = \dfrac{2c}{p\sqrt{3}}$，并定义归一化谐振频率为

$$u = \frac{f_{sp}}{f_0} \tag{4-13}$$

于是式(4-11)和式(4-12)可以写成如下形式：

$$\left(u\sin\theta + m + \frac{n}{2}\right)^2 + \left(n\cdot\frac{\sqrt{3}}{2}\right)^2 = u^2, \Gamma M \tag{4-14}$$

$$\left(u\sin\theta + m + \frac{n}{2}\right)^2 + \left(\frac{u\sin\theta}{\sqrt{3}} + n\cdot\frac{\sqrt{3}}{2}\right)^2 = u^2, \Gamma K \tag{4-15}$$

整理后可得

$$u^2\cos^2\theta - u\cdot\sin\theta\cdot(2m+n) - (m^2+mn+n^2) = 0, \Gamma M \tag{4-16}$$

$$u^2\left(1-\frac{4}{3}\sin^2\theta\right) - 2(m+n)\cdot u\cdot\sin\theta - (m^2+mn+n^2) = 0, \Gamma K \tag{4-17}$$

此一元二次方程的解为

$$u = \frac{2(m^2+mn+n^2)}{\sqrt{(2m+n)^2+3n^2\cos^2\theta} - (2m+n)\sin\theta}, \Gamma M \tag{4-18}$$

$$u = \frac{m^2+mn+n^2}{\sqrt{m^2+mn+n^2-\dfrac{1}{3}(m-n)^2\sin^2\theta} - (m+n)\sin\theta}, \Gamma K \tag{4-19}$$

利用式(4-13)、式(4-18)和式(4-19)，我们可以得到表面波的谐振频率为

$$f_{sp} = \frac{2(m^2 + mn + n^2)}{\sqrt{(2m+n)^2 + 3n^2\cos^2\theta} - (2m+n)\sin\theta} \cdot f_0, \quad \Gamma M \quad (4-20)$$

$$f_{sp} = \frac{m^2 + mn + n^2}{\sqrt{m^2 + mn + n^2 - \frac{1}{3}(m-n)^2\sin^2\theta} - (m+n)\sin\theta} \cdot f_0, \quad \Gamma K$$

$$(4-21)$$

为了验证仿真结果，我们在实验中将金属 PCS 沿 x 轴（ΓM 方向）和 y 轴（ΓK 方向）旋转，以代替不同的 THz 波入射角。从图 4-8 中我们可以看到，当入射波不是垂直入射时，透射峰会分裂成两个峰，而峰值共振频率会发生红移。

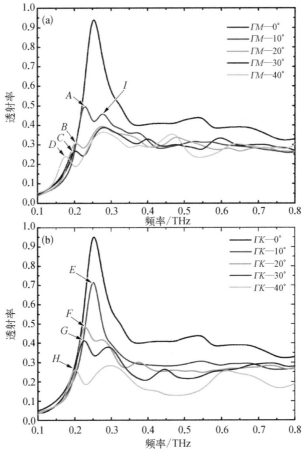

(a) 沿 x 轴方向旋转时，THz 波在金属 PCS 上透射的特性；(b) 沿 y 轴方向旋转时，THz 波在金属 PCS 上透射的特性

图 4-8

由式(4-20)和式(4-21)得到的金属 PCS 在表面波模式下的色散特性以及不同入射角产生的模式分裂效应如图4-9所示。当入射波垂直照射在表面时,THz波的能量与金属 PCS 的本征模耦合。随着入射角的改变,本征模会分为若干个模式,每个模式都有自身的色散曲线(图4-9)。本征模的分裂与布里渊区有关,这是由金属 PCS 的几何结构决定的。从图4-8和图4-9可以看出,当入射角改变时,金属 PCS 表面波模式的色散和与共振频率对应的真空中的光色散线之间的相互作用点发生了移动[图4-9(a)中的点 A、B、C、D 和图4-9(b)中的点 E、F、G、H]和分离[图4-9(a)中的点 A 和 I]。从图4-10可以看到,实验结果(以 ΓM 方向为例)与理论计算得到的结果相吻合。

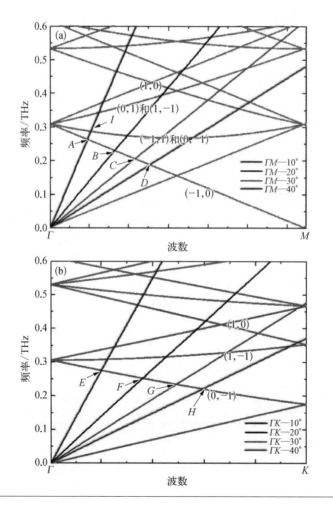

图4-9
金属 PCS 表面波模式的色散(灰色线)

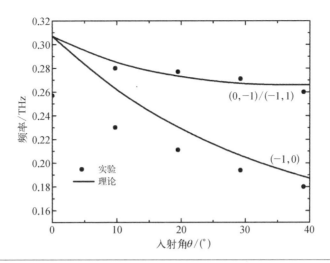

图 4 - 10
当入射角 θ 从 0°增加到 40°时 (TM 方向),模式为 (- 1, 0) 和 (0, - 1)/ (- 1, 1) 的共振频率的变化:实线为理论计算得到的结果,点为实验结果

4.5 小结

本章介绍了两种 PCS 结构,一种采用单晶硅材料,一种采用金属铝材料。THz 波通过亚波长周期下 PCS 结构产生的异常增强传输效应与光子能带有关。在共振频率下,入射波矢与周期结构的 SPPs 波矢以及晶格波矢相匹配,使 SPPs 模式具有较长的相干度,在亚波长 PCS 处 SPPs 模式又会耦合成自由空间光模式辐射出去。在半导体 PCS 中,采用激光泵浦-THz 波探测技术,实时改变单晶硅中的载流子浓度,使其介电特性从类绝缘体演变为类金属导体,在实验中观测到 THz 波从光子晶体效应到 SPPs 谐振效应的实时演变。在金属 PCS 中,金属层的厚度达到几十微米量级,表明金属 PCS 有着独有的光子能带与 SPPs 性质,而根据透射谱的角度变化可以建立 SPPs 模式引起的光子能带结构。金属 PCS 表面电场的强约束及异常传输效应可应用于高灵敏度和大面积成像特性的传感技术以及太赫兹滤波和偏振转换等领域。

需要指出的是,当金属厚度为亚光波长量级时,同样可以实现 SPPs 透射增强效应。此时采用的理论就与 PCS 的模型有所差异。入射电磁波引起的自由电子相干共振相当于偶极共振。因此,由周期金属薄膜结构诱导激发偶极局域 SPPs。当电磁波入射到一个亚波长的金属薄膜孔上时,电子会在孔的边缘聚集，从而激发局域 SPPs。此外，在局域 SPPs 的作用下，周期金属薄膜结构还能够实现 THz 波的增强反射。这些结论将丰富我们对周期孔结构物理机理的认识。

5

太赫兹赝局域
表面等离子波

5.1 引言

　　金属能在近红外和光波段呈现出等离子体的性质,所以金属表面存在表面等离激元。根据传播特性的不同,表面等离激元可以分成表面等离子体和局域表面等离激元(Localized Surface Plasmons,LSPs)。而在低频波段(如微波、太赫兹波),金属的介电常数趋近于无限大,接近于完美导体。当电磁波遇到封闭边界的完美导体时会被反射无法进入导体内部,所以此时金属表面对电磁波的束缚就非常弱,无法形成 LSPs。为了实现低频波段的局域表面波,本章介绍赝局域表面等离激元(Spoof Localized Surface Plasmons,SLSPs),类比高频段的 LSPs 效应。

5.2 光波段 LSPs

　　当入射光与远小于入射波长的金属粒子相互作用时,金属粒子中的自由电子在外加电磁波的驱动下产生局域振荡,如图 5-1 所示。金属粒子的曲面向受到驱动的电子施加有效的恢复力,产生共振,导致金属粒子内外部的近场区域的场强增强,即形成 LSPs 共振。

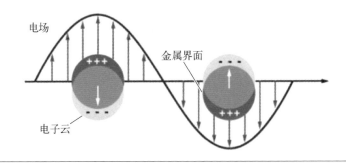

电场

金属界面

电子云

图 5-1
LSPs 振荡原理
示意图

　　假设金属纳米球的半径为 $r_0(r_0 \ll \lambda)$、介电常数为 ε_m、外界的介电常数为 ε_d,由于入射波的波长远大于金属颗粒半径,根据准静电近似,颗粒内的电场可以视为静电场。在均匀静电场 $E=E_0$ 激发下，球内外静电场的电位 Φ 满足拉普拉斯方程，电场可表示为电位的梯度，即

$$\nabla^2 \Phi_{\text{in}}=0, \ r<r_0 \tag{5-1}$$

$$\nabla^2 \Phi_{\text{out}}=0, \ r>r_0 \tag{5-2}$$

$$E_{\text{in}}=-\nabla \Phi_{\text{in}} \tag{5-3}$$

$$E_{\text{out}}=-\nabla \Phi_{\text{out}} \tag{5-4}$$

在交界面的切向方向上电场连续，则

$$-\frac{1}{a}\frac{\partial \Phi_{\text{in}}}{\partial \theta}\bigg|_{r=a}=-\frac{1}{a}\frac{\partial \Phi_{\text{out}}}{\partial \theta}\bigg|_{r=a} \tag{5-5}$$

在垂直于交界面的方向上电位移矢量连续，则

$$-\varepsilon_0 \varepsilon_{\text{m}}\frac{\partial \Phi_{\text{in}}}{\partial \theta}\bigg|_{r=a}=-\varepsilon_0 \varepsilon_{\text{d}}\frac{\partial \Phi_{\text{out}}}{\partial \theta}\bigg|_{r=a} \tag{5-6}$$

满足以上偏微分方程和边界条件的电位解分别表示为以下形式：

$$\Phi_{\text{in}}(r, \theta)=-\frac{3\varepsilon_{\text{d}}}{\varepsilon_{\text{m}}+2\varepsilon_{\text{d}}}E_0 r\cos \theta, \ r<r_0 \tag{5-7}$$

$$\Phi_{\text{out}}(r, \theta)=-E_0 r\cos \theta+\frac{\varepsilon_{\text{m}}-\varepsilon_{\text{d}}}{\varepsilon_{\text{m}}+2\varepsilon_{\text{d}}}E_0 r_0^3\frac{\cos \theta}{r^2}=-E_0 r\cos \theta+\frac{pr}{4\pi\varepsilon_0 \varepsilon_{\text{d}}r^3}, \ r>r_0$$
$$\tag{5-8}$$

从式(5-8)可以看出，Φ_{out} 可以理解为由一个外加电场和一个金属球内部偶极矩产生的场叠加而成的。入射光的电场激发产生的电偶极子动量为

$$p=4\pi\varepsilon_0 \varepsilon_{\text{d}}r_0^3\frac{\varepsilon_{\text{m}}-2\varepsilon_{\text{d}}}{\varepsilon_{\text{m}}+2\varepsilon_{\text{d}}}E_0=\varepsilon_0 \varepsilon_{\text{d}}\alpha E_0 \tag{5-9}$$

式(5-9)表明，一个外加电场在金属球内部诱发了一个大小和 $|E_0|$ 成正比的极化强度，金属纳米球的极化率为

$$\alpha=4\pi r_0^3\frac{\varepsilon_{\text{m}}-2\varepsilon_{\text{d}}}{\varepsilon_{\text{m}}+2\varepsilon_{\text{d}}} \tag{5-10}$$

因此，当金属球和外界环境的介电常数满足式(5-10)的分母为零的时候，极化率最大，金属纳米球对入射光的共振响应最强。如果 ε_m 的虚部 $\mathrm{Im}[\varepsilon_m]$ 很小或者变化很小，谐振条件可以简化为

$$\mathrm{Re}[\varepsilon(\omega)] = -2\varepsilon_m \qquad (5-11)$$

这个条件也被称为 Frohlich 条件，此时金属球会发生局域表面等离激元的偶极子谐振。球内外电场分别表示为以下形式：

$$E_{in} = \frac{3\varepsilon_d}{\varepsilon_m + 2\varepsilon_d} E_0$$

$$E_{out} = E_0 + \frac{3n(n \cdot p) - p}{4\pi\varepsilon_0\varepsilon_d} \frac{1}{r^3}, \ r > r_0 \qquad (5-12)$$

当满足 Frohlich 条件时，金属球发生局域表面等离激元的偶极子谐振，金属球内外的电场值都将达到最大。

从光学的角度分析，谐振所引起的极化率增强也会导致金属颗粒的散射光和吸收光效应的增强。进一步计算得到金属纳米球对入射光的吸收、散射和消光截面积：

$$C_{ext} = \boldsymbol{k}\,\mathrm{Im}(\alpha) = 4\pi\boldsymbol{k}r_0^3\,\mathrm{Im}\!\left(\frac{\varepsilon_m - 2\varepsilon_d}{\varepsilon_m + 2\varepsilon_d}\right) \qquad (5-13a)$$

$$C_{scat} = \frac{\boldsymbol{k}^4}{6\pi}\,|\alpha|^2 = \frac{8\pi}{3}\boldsymbol{k}^4 r_0^6\left|\frac{\varepsilon_m - 2\varepsilon_d}{\varepsilon_m + 2\varepsilon_d}\right|^2 \qquad (5-13b)$$

$$C_{abs} = C_{ext} - C_{scat} \qquad (5-13c)$$

式中，$\boldsymbol{k}$ 为入射光的波矢量。吸收、散射和消光截面积是光学远场测量中容易得到的参数值，可以通过式(5-13)方程组计算这三个参数值来确定金属粒子的 LSPs 共振响应。

5.3　低频段 SLSPs

2012 年以前，对 SSPPs 的研究主要集中在结构化周期平面上。2012 年，西

班牙研究人员在开槽的周期圆柱体上首次揭示了局域表面等离激元共振的散射、局域和场增强效应,提出了 SLSPs 的概念。SLSPs 很快在微波频段被实验验证,其结构从圆柱体向超薄方向发展,这样在微波频段该结构可以通过普通印刷工艺印制在介质基板上,便于加工和应用。自此以后,国内外的科研工作者开始对低频波段(主要是微波频段) SLSPs 的耦合、探测等方面展开研究,在低频波段成功复制了 LSPs 的优良特性。目前,SLSPs 可分为两大类,即周期褶皱圆盘结构(或太阳花结构)和螺旋弯折形开槽结构,前者可以激发电谐振,后者不仅可以激发电谐振还可以激发磁谐振。另外,在 SLSPs 结构上还发现了其他高频波段 LSPs 结构所不具备的特性,如高阶垂直传输特性等。我们着重介绍 THz 波段周期褶皱圆盘结构(或太阳花结构)和螺旋弯折形开槽结构的 SLSPs 特性。

5.3.1 太阳花结构 SLSPs

在低频波段,首先在二维周期开槽金属圆柱体上发现了 SLSPs。如图 5-2(a)所示,该二维结构是由在一个圆柱体外围刻蚀的多个凹槽组成的。其内圆柱的半径为 r,外围由 N 个深度为 $R-r$ 且宽度为 a 的凹槽构成。在二维结构的凹槽内填充介质,介质的折射率为 n_g。图 5-3(a)(b)分别为二维周期开槽金属圆柱体和等效人工电磁圆柱体的散射截面积随归一化频率变化的关系,两者有着非常相似的散射曲线,都可以在曲线中看到多个谐振峰;右侧列出了各谐振点的磁场 H_z 的分布情况,可以看到两者的谐振模式几乎没有差别。

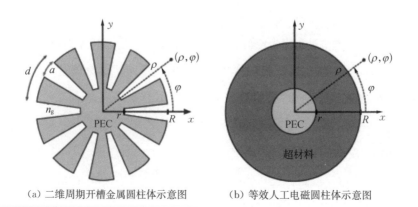

(a) 二维周期开槽金属圆柱体示意图　　　(b) 等效人工电磁圆柱体示意图　　　图 5-2

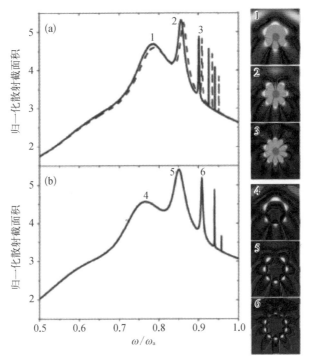

(a) 二维周期开槽金属圆柱体的散射截面积;(b) 等效人工电磁圆柱体的散射截面积: 右侧插图为两种金属圆柱体发生谐振时的磁场 H_z 的分布图

图 5-3

金属在光频段下会呈现一种等离子体的形态,所以金属圆柱体的散射截面可以清楚地表明金属表面上的局域表面等离激元的谐振特性。对于太阳花结构来说,当波长远大于其外部凹槽的周期时,可以将外部的凹槽看作一层厚度为 $h = R - r$ 的人工电磁介质层。这种人工电磁介质层在低频波段具有等离子体性质。当电磁波为沿着 z 方向的磁场(TM 波)时,假定金属在低频波段呈现完美电导体的特性,即在外围凹槽处, $E_\rho = E_z = 0$, $H_\phi = 0$,此时周期凹槽对应的新型人工电磁介质层的本构参数为 $\varepsilon_\rho = \varepsilon_z = 0$、$\varepsilon_\phi = 0$。根据等效介质理论,将亚波长凹槽等效为各向异性材料,则电磁波在凹槽中沿着 z 方向和 ρ 方向的传播速度等于 c/n_g,对应的人工电磁介质层满足条件 $\sqrt{\varepsilon_\phi \mu_z} = \sqrt{\varepsilon_\phi \mu_\rho} = n_g$,即 $\mu_\rho = \mu_z = a/d$,此时各向异性新型人工电磁介质层的介电常数为 $\varepsilon_\phi = n_g^2 d/a$。圆柱体上周期凹槽的截止频率由槽深 h 和填充折射率 n_g 决定:

$$\omega_a \approx \pi c/(2hn_g) \qquad (5-14)$$

包裹着介质的二维圆柱体的总散射截面积可以由 Mie 散射理论得出：

$$\sigma_{\text{scat}} = \frac{4c}{\omega} \sum_{n=-\infty}^{+\infty} |C_n|^2 \qquad (5-15)$$

其中，

$$C_n = -i^n \frac{\dfrac{a}{d} J_n(k_0 R) f - n_g J_n'(k_0 R) g}{\dfrac{a}{d} H_n^{(1)}(k_0 R) f - n_g H_n^{(1)'}(k_0 R) g} \qquad (5-16)$$

通过式(5-15)求得的包覆等效人工电磁介质层的金属圆柱体的散射截面积结果如图 5-3(a)中虚线所示。理论计算的散射截面积结果和使用 COMSOL Multiphysics 仿真的结果基本一致，并且其电磁散射响应与传统 LSPs 相似。因此将这种在低频波段下利用周期开槽的超材料结构实现的谐振模式称为 SLSPs 谐振。即使当圆柱体的高度很小（超薄）时，谐振模式仍然存在。这种超薄结构促进了 THz 频段 SLSPs 的研究。下面我们介绍在 THz 频段 SLSPs 的激发方法和谐振特性。

(1) C 型谐振器激发

本小节我们分析在 THz 频段的超薄褶皱金属圆盘（Corrugated Metallic Disk，CMD）上正常入射时的透射光谱。图 5-4(a)为 CMD 的几何结构，外圆盘半径 $R = 150\,\mu m$，内金属圆盘半径 $r = 60\,\mu m$，金属圆盘由周期 $d = 2\pi R/N$ 的金属凹槽包围，其中周期数量 $N = 36$。参数 $\alpha = a/d = 0.4$ 是单个周期性结构中的空气填充率。金属薄膜（铝，电导率 $\sigma_{\text{Al}} = 3.56 \times 10^7\,\text{S} \cdot \text{m}^{-1}$）圆盘的厚度 $t = 200\,\text{nm}$。衬底为 $25\,\mu m$ 厚的聚酰亚胺（PI），介电常数为 3.5，损耗角正切值为 0.05。使用常规光刻技术［几何参数选择与图 5-4(a)相同］制作样品，图 5-4(b)为样品的扫描电镜图。利用 THz-TDS 系统测量该样品的透射光谱，如图 5-5(a)所示（仿真结果也在图中显示用于比较）。在理论和实验上都观察到在 0.35 THz 处只有一个共振。图 5-5(c)中电场分布表明这种共振是偶极子模式。由图 5-3 所知，CMD 结构的散射截面谱中存在多个散射谐振峰（表明多极子共振），这是由掠入射激发的平面波引起的。从实验的角度来看，由于缺乏合适的太赫兹光源可以以高耦合效率掠入射激发暗态的多极子,在太赫兹频率下通过掠入射验证 SLSPs 模式在技术上是困难的。

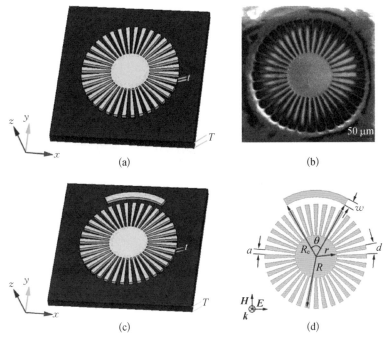

(a) CMD 的几何结构(具有内金属圆盘半径 $r=60\ \mu m$ 和外圆盘半径 $R=150\ \mu m$ 的金属铝膜圆盘,基于厚度 $T=25\ \mu m$ 的 PI 介电衬底,周期数量 $N=36$,周期长度 $d=2\pi R/N$,槽宽 $a=0.4d$,金属铝膜圆盘的厚度 t 为 200 nm);(b) 扫描电镜图;(c) 混合结构三维图;(d) 混合结构中的参数示意图

图 5 - 4

为了在正入射角下激发多极子共振,我们打破褶皱金属圆盘结构中的对称性。首先,提出了由一个 CMD 和一个 C 形谐振器(C Shaped Resonator,CSR)组成的混合结构。图 5 - 4(c)(d)为 CMD 和 CSR 混合结构的示意图,其中 CSR 的张角为 θ,内半径为 R_c,宽度为 w,CMD 和 CSR 之间的间隙宽度 $g=R_c-R$。

这种混合结构可以激发 SLSPs 模式,透射光谱如图 5 - 6(a)(b)所示($\theta=60°$,$w=10\ \mu m$)。 理论上可观测到明显的多极子共振(用 $C_1 \sim C_5$ 标记),并且这些共振($C_1 \sim C_4$)大多数可通过实验观察到。较高的谐振谷(用 M 标记)代表 CSR 的本征偶极子模式。图 5 - 6(c)给出了与振荡 $C_1 \sim C_5$ 相对应的电场分布,这表明明态的 CSR 可以激发暗态的多极子共振。激发多极子共振具有重要的

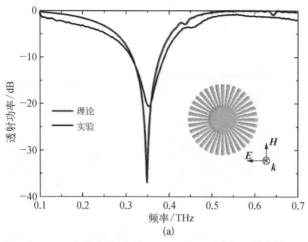

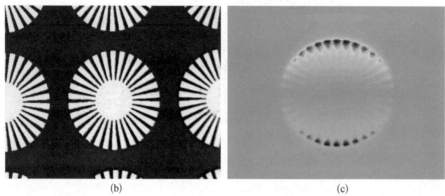

(a) CMD 的透射光谱在 0.1~0.7 THz 只有谐振;(b) SLSPs 显微镜图像;(c) 在 0.35 THz 处的
电场分布   图 5-5

意义,通过调谐各参数让分子振动频率与高品质因数的八极子振荡频率相匹配,
不仅有利于利用介电常数的变化检测周边环境的变化,还可以监控物质的太赫
兹指纹谱。

　　理论上 SLSPs 多极子的共振频率只要不超过相应的 SSPPs 的截止频率,相
应的多极子共振都可以被激发。然而,CSR 共振频率在激发多极子共振中起着
重要作用。如果 CSR 共振频率远离结构的截止频率,高阶极子共振则很难被有
效激发。而当 CSR 共振频率与结构截止频率重叠时,SLSPs 模式与 CSR 模式
(M)发生相互作用。根据图 5-6,可知最高阶极子是十极。因为当 SLSPs 共振
频率接近截止频率时,最高阶 SLSPs 的强度变弱,所以最高阶共振(C₅)由于聚

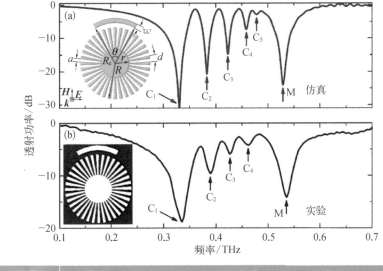

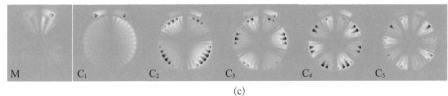

(c)

CSR 结合 CMD 的混合结构的理论(a)和实验(b)透射光谱,多极子共振电场分布图(c)显示为
偶极子(C_1)、四极子(C_2)、六极子(C_3)、八极子(C_4)、十极子(C_5)模式,共振(M)来自单一 CSR 结
  构支持的明态 LSPs 模式

图 5-6

酰亚胺损耗和加工误差的附加损失几乎无法观察到。

(2)缺陷偶极子激发

带缺陷的人工原子 SLSPs 也能激发 THz 频段的多个 Fano 共振。当楔形切
片以小角度切割时,可以产生多极 Fano 共振(四极到十极模式)。Fano 共振是
由楔形切片边缘支持的明态偶极子模式和暗态多极子模式的干涉造成的。与之
前带 CSR 的混合结构相比,带缺陷的 CMD 具有新的有趣的光学性质,这是因为
没有任何其他附加的明态偶极子(例如 CSR)的共振频率可能与暗态多极子共振
频率重叠,高阶 Fano 共振不会受到附加结构的共振频率的影响。另外,四极峰
表现出高 Q 值特征,这种 SLSPs 结构可用于生物化学传感器。

图 5-7 给出了具有缺陷角度 θ 的人工粒子的几何形状,其外半径 R 为
$150\ \mu m$,内半径 r 为 $60\ \mu m$。内外半径间由 36 个周期金属槽组成(周期 $d =$
$2\pi R/N$)。$a = 0.4d$ 代表单个周期结构中的沟槽宽度,金属膜(铝,$\sigma_{Al} = 3.56 \times$

$10^7 \text{ S} \cdot \text{m}^{-1}$) 的厚度 $t = 200 \text{ nm}$。衬底采用 22 μm 厚的聚酯薄膜材料,该人工粒子阵列的周期是 360 μm。使用 CST Microwave Studio 进行数值模拟以获得对称($\theta = 0°$)和有缺陷($\theta = 14°$)的 CMD 结构的透射响应,其中 E 场极化垂直于有缺陷的楔形切片,如图 5-8 所示。在对称 CMD 中发现在 0.369 THz 处有明显的强偶极共振。然而,当电场垂直于缺陷时,通过自由空间 THz 波可以激发多个暗态多极子共振。多个 Fano 共振是由楔形缺陷边缘分布的明态偶极子模式与其余褶皱金属部分的暗态多极子模式之间的相互作用产生的。为了明确这种多个 Fano 共振的方向,图 5-9 显示了在谐振谷处的电场分布(线)和表面电流密度分布(1, 0.36 THz; 2, 0.399 THz; 3, 0.444 THz; 4, 0.483 THz),四种谐振模式对应于偶极(1)、四极(2)、六极(3)和八极(4)共振模式。图 5-9(下)表示在楔形缺陷边缘处的表面电流密度方向,表明对称性破坏(黑色虚线和箭头)时出现明态偶极子模式。如图 5-9(a)所示,偶极子缺陷 V 形模式和偶极子 SLSPs 模式的电场线(箭头)从正电荷(红色)传播并到达负电荷(深蓝色)。因此,模式 1(偶极模式)对应于混合的明态模式,其中偶极子缺陷 V 形模式和偶极子 SLSPs 模式同相振荡。模式 2(四极模式)对应于偶极子缺陷 V 形模式和四极子

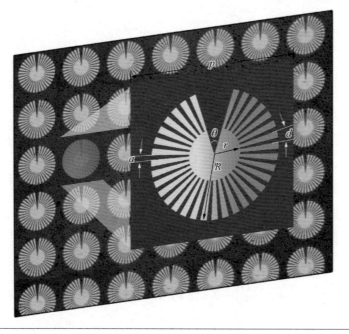

图 5-7
平面缺陷 CMD
结构和显微镜
图像: $r = 60 \, \mu m$,
$R = 150 \, \mu m$,
$d = 2\pi R/36$,
$a = 0.4d$

图 5-8

在法向入射角下,对称(虚线)和缺陷角度为 14°(实线)时 CMD 结构的模拟透射光谱。模式 1、2、3 和 4 分别对应偶极、四极、六极和八极模式

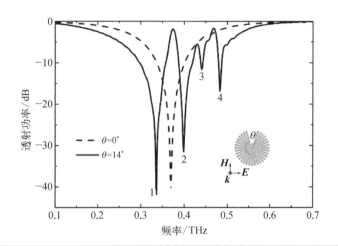

SLSPs 模式耦合产生的四极子 Fano 共振。需要说明的是,因为偶极子缺陷 V 形模式与四极子 SLSPs 模式的偶极子和四极子强烈的相互作用,所以透射谱中偶极子和四极子模式非常明显[图 5-9(a)(b)]。模式 3 和模式 4 的共振说明尽管两个 Fano 共振是由明态偶极子模式和多极 SLSPs 模式(六极和八极模式)之间的相互作用引起的,但楔形缺陷在一定程度上影响和破坏了六极和八极模式的对称分布特性,与常规的六极和八极模式相比,其电场分布显示出轻微变形,如

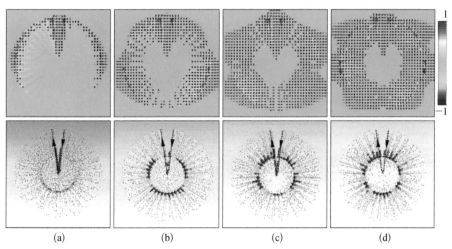

偶极(a)、四极(b)、六极(c)、八极(d)模式的电场分布和表面电流密度分布的数值模拟结果。(上)偶极、四极、六极、八极模式的垂直电场分布,箭头表示电场线;(下)偶极、四极、六极、八极模式的表面电流密度分布,黑色虚线和箭头表示出现在楔形缺陷边缘的明态偶极子模式的方向

图 5-9

图5-9(c)(d)所示，由于单个缺陷结构的不对称性，激发的六极和八极模式较弱。

缺陷角度 θ 对暗态 Fano 共振具有重要影响。图5-10显示了 x 方向 E 场的具有不同缺陷角度的 CMD 的仿真透射图。从图中可以看到，缺陷切片边缘附近的共振模式3(4)较弱，

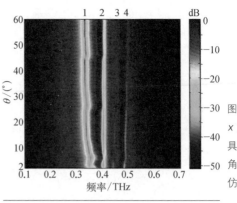

图5-10
x 方向 E 场的具有不同缺陷角度的 CMD 的仿真透射图

这是由于六极(八极)Fano 共振产生畸变。随着缺陷角的增加，共振模式3(4)变弱。相反地，混合偶极子模式和四极 Fano 共振变强。

这些多极子共振也可以通过实验观察到。我们使用常规光刻技术制造有缺陷的 CMD(结构的显微镜图像如图5-7所示)。样品的尺寸为 $10\,\text{mm} \times 10\,\text{mm}$。使用共聚焦 8f 太赫兹时域光谱系统测量样品的振幅透射光谱。图5-11(a)显示了通过空白聚酯薄膜衬底(参考样品)和带缺陷的 CMD 样品的透射太赫兹时域脉冲。图5-11(a)中的插图显示了从 0 ps 到 20 ps 的放大太赫兹时域脉冲，由于扫描时间为 200 ps，光谱分辨率可以达到5 GHz。图5-11(b)显示了参考样品和带缺陷的 CMD 样品($\theta = 14°$)的相应的傅里叶变换频域透射谱。归一化透射率如图5-11(c)所示，从图中可以清楚地观察到强偶极子模式、四极共振模式以及弱的六极和十极谐振模式。在模拟谱和实验谱中，六极和八极模式较弱，如图5-11(c)(d)所示，这与之前的理论分析一致。在图5-11(b)中，从 0.325 THz 到 0.425 THz 的四极子的峰值显示 Q 值高达30。这种高 Q 值性能具有超灵敏的共振传感，不仅可以探测附着在人工原子表面的薄膜(物质)的光学特性，还可以通过将原子的 Fano 共振频率设计在接近物质吸收峰的邻近位置来探测样品的性质以及监控分解物层的降解特性和固体(液体化合物)的动态化学反应过程。此外，通过结构化表面与特异性噬菌体结合，可以实现细菌的选择性检测(Fano 共振位置的变化可能与细菌样品的浓度直接相关)，从而实现细菌病原体的高效无标记检测。

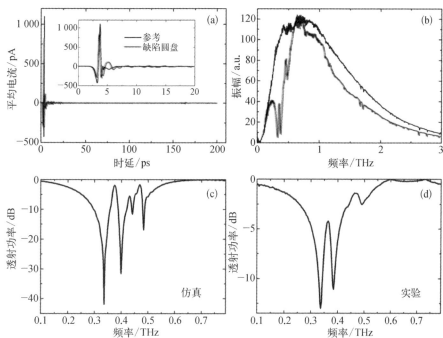

(a) 参考样品和带缺陷的 CMD 样品的透射太赫兹时域脉冲;(b) 频域透射谱;(c) 理论值;(d) 实验值

(3) 波导结构激发

图 5 - 12(a)是 SSPPs 波导激发 SLSPs 结构示意图。该结构包括三个部分:(1) 能量转换部分[图 5 - 12(b)];(2) 模式转换和能量匹配部分[图 5 - 12(c)];(3) SSPPs 波导和谐振环[图 5 - 12(d)]。端口 1 和端口 2 分别作为信号输入、输出端口。

第(1)部分能量转换部分是共面波导(Coplanar Waveguide,CPW),能够传输 QTEM 模式的导波。共面波导的阻抗匹配由端口的参数决定,波导端口的宽度 w 为 100 μm,端口处的狭缝宽度 g 为 9.4 μm,石英衬底的介电常数 ε 为 3.75。这样的参数设定满足端口 50 Ω 的阻抗匹配。第(2)部分是模式转换和能量匹配部分,将 QTEM 模式的导波转换为 SSPPs 模式,参见第 2 章的共面波导激发 SSPPs 部分。第(3)部分是 SSPPs 波导和谐振环,这里波导作为一条传输线,支持 SSPPs 的传播。波导和谐振环之间的间隙为 g。沟槽的宽度和周期分别表示为 $a = 0.5d$,$p = 2\pi R/N$,其中 N 为谐振环沟槽的总数目($N = 20$)。谐振环和波导的沟槽 $d \ll \lambda$(λ 为自由空间的波长)。波导的高度为 h,谐振环的外径 $R =$

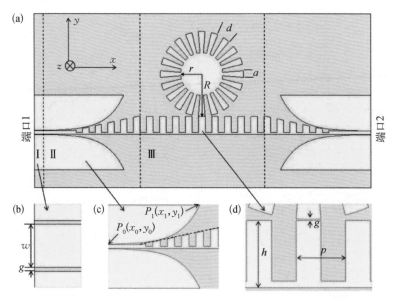

(a) SSPPs 波导激发 SLSPs 结构示意图;(b) 能量转换部分;(c) 模式转换和能量匹配部分;
(d) SSPPs 波导和谐振环

图 5 - 12

$1\,200\ \mu m$,内径 $r = 600\ \mu m$,其他结构参数为 $h_1 = 500\ \mu m$,$h_2 = 450\ \mu m$,$p = 380\ \mu m$。利用 CST 微波工作室软件仿真,边界条件 x、y、z 设置为开放,模拟波在自由空间中传播。选择金作为表面层金属材料,是因为金的损耗小,而且在可见光范围内可看作完美电导体。选择石英作为基底材料,是因为石英的正切损耗很小,$\tan\delta = 0.000\,4$。金层的厚度为 $0.5\ \mu m$,通过传统的光刻镀膜工艺附在石英表面。为了减少损耗,还可以用一些性能优良的低损介质,例如砷化镓和蓝宝石。本实验选用厚度为 $200\ \mu m$ 的石英作为基底。仿真所得的传输系数(S_{21} 参数)如图 5 - 13(a)所示,红色曲线表示 SSPPs 波导和谐振环相互耦合作用所得的 S_{21} 参数,黑色曲线表示无谐振环时,仅 SSPPs 作为宽带传输的 S_{21} 参数。SSPPs 波导和谐振环相互耦合产生 6 个明显的谐振谷。当谐振环越贴近SSPPs 波导时,相互耦合作用产生的谐振谷越明显。此处谐振环与 SSPPs 波导的距离为 $9.4\ \mu m$。不同的谷对应不同的模式,如图 5 - 13(b)~(g)所示,电场平面扫描高度设置在距 x - y 平面上 $0.1\ mm$ 处。图 5 - 13(a)中的谐振谷 1~6对应图 5 - 13(b)~(g)中的共振模式。图 5 - 13(d)~(f)表明谐振谷 3~5 对应的

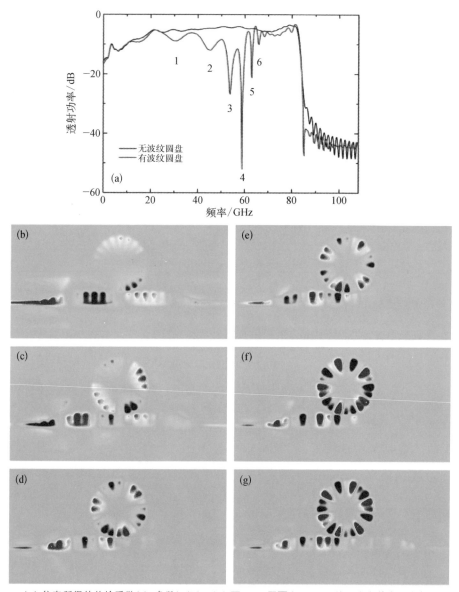

图 5 - 13　　(a) 仿真所得的传输系数(S_{21}参数);(b)～(g) 距 x - y 平面上 0.1 mm 处 z 方向的电场分布图

谐振频率在波导端口 2 处无信号传输。谐振环附近的相位变化可以用以下公式计算:

$$\Delta\varphi=\frac{2\pi}{\lambda}n_e 2\pi R \qquad (5-17)$$

式中,n_e 为有效折射率,从 SLSPs 的色散曲线可以得出各模式的有效折射率 n_e;λ 是自由空间的波长。当谐振环处于闭合状态时,输出端口无信号输出,此时 $\Delta\varphi = (2m+1)\pi$,其中,$m$ 是模式数 $(m = 0, 1, 2, 3, \cdots)$。式(5-17)可写为 $2\pi R n_e = (2m+1)\lambda/2$,其中,$n_e = \beta/k$,$\beta$ 是传播常数,k 是波数。从而 $\beta = (2m+1)/2R$,$k = (2m+1)/2N$。当谐振环处于闭合状态时,k 和 m 之间的相对关系如表 5-1 所示。

表 5-1
k 和 m 之间的
相对关系

m	$k(2\pi/p)$	色散曲线对应的共振频率	S_{21} 参数对应的共振频率
3	0.175	53.8	53.9
4	0.225	60.1	59.0
5	0.275	64.2	63.2

从表 5-1 可以推出,当谐振环处于闭合状态时,色散曲线和 S_{21} 参数对应的共振频率吻合,这证明理论结果和仿真结果基本一致。

实验中,采用 15 mm×15 mm 的石英作为基底。传感器芯片的成品图如图 5-14(a)~(d)所示。S_{21} 参数由频段 50~75 GHz 的安捷伦矢量网络分析仪(N5245A)测量。将探针的引脚分别置于端口 1 和端口 2 处,实验结果如图 5-14(e)所示。谐振谷 3~5 出现在 53.7 GHz、59.2 GHz、63.3 GHz,对应的 S_{21} 参数的值为 -28.6 dB、-39.8 dB、-18.1 dB。

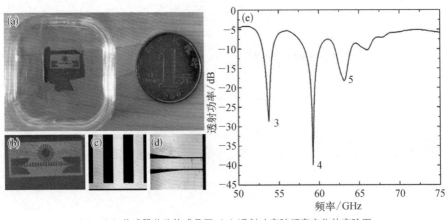

(a)~(d) 传感器芯片的成品图;(e) 透射功率随频率变化的实验图

图 5-14

CMD 对周围材料的变化敏感。如果改变 CMD 内的介电常数 ε,那么共振频率将发生偏移。仿真结果表明六极子和八极子的共振频率偏移量为0.22 GHz (介电常数从 ε＝1.02 变化到 ε＝1.1)。 在图 5-15 中,当增加 ε 时,共振频率发生红移。

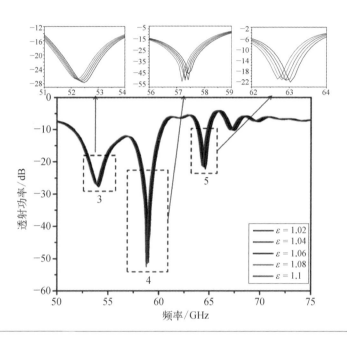

图 5-15
共振频率随介
电常数的变化

在实验中,我们用蘸有乙醇、去离子水和橄榄油等液体样品的棉签覆盖芯片中的 CMD。当更换液体时,我们将传感器样品置于丙酮中,再置于去离子水中,最后用低功率超声波清洗机清洁样品。图 5-16 为实验结果,三种液体可以很明显地区分出来。在样品覆盖整个芯片区域和仅覆盖 CMD 的两种情况下,可以用 $\Delta f/(RIU/V)$ 来估计 Fano 共振结构的灵敏度,其中 V 表示有效体积。当折射率为 1.17(橄榄油)时,六极子谐振谷的偏移量在两种情况下分别为 3.1 GHz 和 1.12 GHz。在第二种情况下,样品的体积要小得多。为消除体积的影响,我们计算了单位体积的灵敏度。如果样品厚度为 5 μm,则当整个芯片被橄榄油覆盖时产生的灵敏度为 0.016 2(GHz/RIU)/ $(mm^2 \times \mu m)$,而在只有 CMD 被橄榄油覆盖的情况下则为 0.292(GHz/ RIU)/$(mm^2 \times \mu m)$,灵敏度提高了 17 倍。

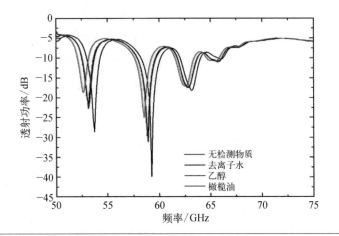

图 5 - 16
对波纹圆盘中
不同液体的
探测

5.3.2　螺旋形结构 SLSPs

在图 5 - 3 所示的散射截面谱中,除了电谐振以外,还存在谐振频率非常接近的磁谐振,但由于磁谐振非常微弱,所以并没有在图 5 - 3 中显示出来。根据式(5 - 14),如果想将电谐振和磁谐振的共振频率区分开,可以增加结构中的填充介质的折射率 n_g,还可以延长槽的长度。我们设计的螺旋形结构 SLSPs 可以同时激发电谐振和磁谐振。

螺旋形金属盘结构如图 5 - 17(a)所示,其基底为 20 μm 厚的聚酰亚胺(介电常数为 3,损耗角正切值为 0.03)。螺旋形金属薄膜为金膜,厚度为 200 nm,螺旋形结构由内半径 $r = 6.5\ \mu$m 的中心圆盘和外半径 $R = 33\ \mu$m 的四个螺旋形臂组

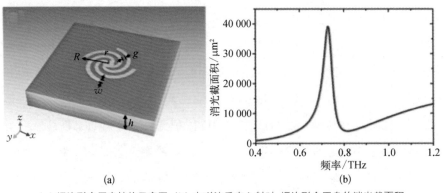

(a) 螺旋形金属盘结构示意图;(b) 电磁波垂直入射时,螺旋形金属盘的消光截面积　　图 5 - 17

成，四个臂之间的间隔宽度 $g=5\ \mu m$，每个臂的宽度 $w=5\ \mu m$。图 5-17(b) 为该结构在频域模式下的消光截面积的仿真结果。在仿真实验中，采用频域求解器进行仿真，光源设置为沿轴极化的平面波并且垂直入射该结构，x、y、z 边界都设置为开放边界条件。从图中可以明显看出曲线在 0.73 THz 处有一个明显的谐振峰。

为了研究该频点的物理机制，图 5-18(a) 给出了 0.73 THz 处结构正上方 5 μm 处的垂直电场(E_z)分布的仿真结果。结果表明，在结构左右两端电场强度最强，与传统的光波段 LSPs 偶极子谐振场型一致。图 5-18(b) 仿真了金属盘在 0.73 THz 处发生谐振时，$y=0$ 截面内的电场强度和电场线分布。电场线始于结构的左端，终于结构的右端，并且结构左右两端的电场强度是最强的，结果符合一个电偶极子的电场线分布。该电场线分布与电偶极子的电场线分布相似，说明在 0.73 THz 处发生了电偶极子谐振，这证明了该结构能够在 THz 波段支持 SLSPs。

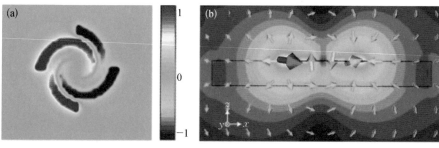

图 5-18　在 0.73 THz 处，结构正上方 5 μm 处的垂直电场(E_z)分布(a)和 $y=0$ 截面内的电场强度和电场线分布(b)

此外，当螺旋形金属盘外半径 $R=33\ \mu m$ 时，螺旋形金属盘对应的谐振波长为 412 μm，远大于结构的外半径尺寸。如果只改变螺旋形金属盘的外半径 $R(29\sim37\ \mu m)$，则螺旋形金属盘的消光截面积与外半径 R 之间的关系如图 5-19(a)所示。随着螺旋形金属盘的外半径 R 逐渐变大，谐振峰位置会逐渐向低频移动(谐振波长逐渐增加)。图 5-19(b)给出了螺旋形金属盘的外半径 R 与谐振波长之间的关系。从图中可以看出，螺旋形金属盘外半径 R 与谐振波长呈线性关系，具体来说，当外半径从 29 μm 增大到 37 μm 时，对应的谐振波长从

319 μm 增大到 520 μm,外半径和谐振波长之比从 9.1% 下降到 7.1%,结构的亚波长程度也将逐渐加大。

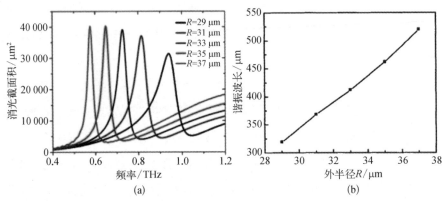

(a) 不同外半径的螺旋形金属盘的消光截面积;(b) 螺旋形金属盘的外半径 R 与谐振波长之间的关系　图 5-19

对于具有周期结构的螺旋盘,采用图 5-17(a)中的螺旋形金属盘结构参数,通过改变周期 p 的大小(其他参数保持不变),研究相邻单元之间由于存在耦合效应所导致的 SLSPs 的谐振频率的偏移现象。当周期 p 从 80 μm 到 180 μm、间隔为 20 μm 变化时,其透射谱的变化如图 5-20(a)所示。当阵列周期 p 从 180 μm 减小到 100 μm 时,SLSPs 的谐振频率逐渐增加。当阵列周期 p 从 100 μm 减小到 80 μm 时,谐振峰发生红移,谐振频率向低频大幅偏移,且在 80 μm 处的谐振频率小于 180 μm 的谐振频率。以上结果说明,谐振单元之间的耦合分为两种:当周期较大时,偶极子谐振的辐射在单元之间相互耦合中占主导作用;当周期较小时,单元之间的相互作用主要是由静态偶极子耦合引起的。当阵列周期大于 100 μm 时,结构谐振频率的蓝移主要是由偶极子谐振的辐射导致的;当阵列周期小于 100 μm 时,静态偶极子耦合导致结构谐振频率的红移。为了验证周期调控特性,图 5-20(b)给出了样品的透射谱测试结果(样品的大小均为 15 mm×15 mm,插图为周期 p=180 μm 的样品实物图和光学放大镜拍摄样品图)。实验结果与仿真结果高度吻合,证明了 SLSPs 谐振单元周期的变化对其谐振频率有着较大的影响。

当平面波垂直入射时,在消光截面谱图中只出现一个谐振峰,对应于 SLSPs

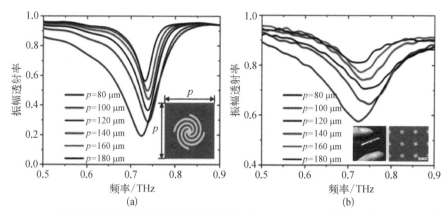

(a) 不同周期的螺旋形金属盘阵列的透射谱仿真结果;(b) 不同周期的螺旋形金属盘阵列的
透射谱实验图,插图为加工样品的实物图

图 5-20

的电谐振模式。而当平面波从水平入射激发时,螺旋形金属盘的电磁响应会有
所不同。按照 5.3.1 节中的盘结构参数,平面波从水平入射时[图 5-21(a)中插
图],螺旋形金属盘的消光截面积曲线如图 5-21(a)所示。水平入射时的消光截
面积曲线出现了两个谐振峰,频率分别为 0.73 THz 和 1.06 THz。其中第一个谐
振峰的位置与图 5-17(b)中所示的谐振位置都是在0.73 THz处,这表明此谐振
都是由电偶极子谐振导致的。接着,通过图 5-21(b)所示的结构正上方 5 μm 处
的垂直磁场(H_z)分布来确定第二个谐振峰(1.06 THz处)的谐振模式。结果表

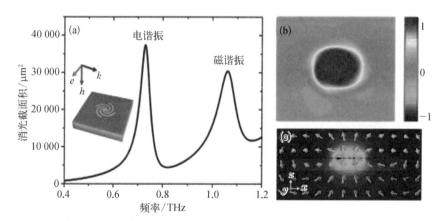

(a) 平面波从水平入射时,螺旋形金属盘的消光截面积;(b) 1.06 THz 时,结构正上方 5 μm 处
的垂直磁场(H_z)分布;(c) 1.06 THz 时,$y=0$ 截面内的磁场强度和磁场线分布

图 5-21

明当谐振发生时,中心结构处磁场最强,而且整个结构表面相位分布一致,磁场谐振方向沿着 z 方向。为了进一步确定谐振模式,图 5-21(c) 给出了螺旋形金属盘在 1.06 THz 处发生谐振时, $y=0$ 截面内的磁场强度和磁场线分布。从图中可以看出,在谐振发生时,磁场线从结构中心处穿过结构形成一个闭环回路。该磁场线分布与一个沿着 z 方向的磁偶极子的磁场线分布十分吻合。以上结果表明,螺旋形金属盘在 1.06 THz 处发生了磁偶极子谐振。

由图 5-17(b) 和图 5-21(a) 可以看出,磁谐振在 THz 波垂直入射条件下无法激发,而水平入射激发磁谐振在实验上又难于实现。但我们可以采用 5.3.1 节中的方法,利用明态的偶极子模式激发暗态的磁谐振模式,如图 5-22(a) 中插图所示。这里明态的偶极子结构选用长度为 90 μm、宽度为 5 μm 的金属条。图 5-22(a) 中黑线和图 5-22(c) 中的电场分布确认了在 1.06 THz 处的模式为激发的金属条偶极子模式。这样我们可以采用与 5.3.1 节中类似的方法,将金属条与螺旋形金属盘组成复合结构,仿真结果和实验结果均发现在 1.06 THz 处出

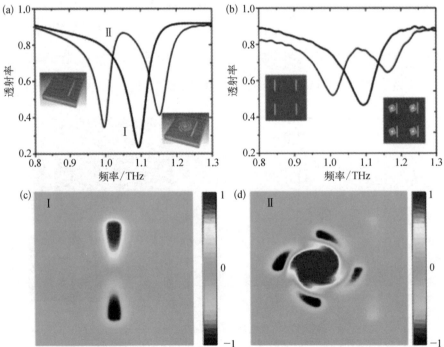

图 5-22
金属条和复合
结构的仿真
(a) 和实验(b
透射谱以及在
1.06 THz 处金
属条(c)和复
合结构(d)的
电场分布

现了一个透明的窗口。图 5 - 22(d)中的电场分布表明,当 THz 波从正上方入射时,这种复合结构确实可以激发暗态的磁谐振模式,其物理机理为太赫兹波首先激发金属条的偶极子模式,再通过偶极子模式以近场方式激发暗态模式,即被金属条的偶极子模式间接近场激发。而激发的磁谐振会抑制金属条的偶极子谐振,导致在 1.06 THz 处出现了一个透明的窗口。

5.4 小结

本章详细介绍了两种 THz 频段的 SLSPs 结构: 周期褶皱圆盘和螺旋形金属盘。这两种结构在微波频段得到了广泛的实验验证,发现了很多新奇的物理现象,而在 THz 波段的研究较少。我们对 THz 波段 SLSPs 的工作做了梳理,包括用明态偶极子模式激发暗态的 SLSPs 的多极子模式和磁谐振模式、打破 SLSPs 的对称性激发多极子模式,以及利用 SSPPs 波导激发高 Q 值多极子模式。随着 THz 实验设备的持续更新,相信在 THz 波段会有更多的基于 SLSPs 结构的新奇物理现象被发现和研究,并应用于 THz 的多个领域。

6

基于THz表面等离
激元超表面的器件

6.1 引言

　　超表面作为一种具有亚波长人工微结构的超薄超材料，它的设计灵活、厚度薄，能够突破传统的自然材料限制，获取任意的电磁性质。将表面等离激元与超表面结合，称为表面等离激元超表面。人们利用金属或表现出金属特性的材料，通过设计表面等离激元超表面，可以在亚波长尺度实现电磁波的调控。本章提出了两类基于 THz 表面等离激元超表面的功能器件，包括偏振转换器和吸收器，对它们的理论、设计、仿真、分析、实验和检测都做了详尽的阐述，这对制备其他基于 THz 表面等离激元超表面的器件具有积极的促进作用，将在生物医学、安全监测、无损伤探测、光谱与成像技术以及军工雷达等领域得到广泛的应用。

6.2 偏振转换器

　　偏振转换器作为一种调控电磁波偏振态的功能器件，它的设计与研究已经引起研究者的极大兴趣。传统的偏振转换器由于材料的限制，存在着诸如尺寸大、转换率低、工作频域窄等局限性。随着超材料的提出和发展，基于超材料的偏振转换器大量涌现，尤其是基于特殊的超材料的超表面兴起，为获得超薄、宽带的偏振转换器提供了新的手段和方式。偏振转换器的种类现今已有很多种，包括线偏振转换器、圆偏振转换器以及线变圆偏振转换器。对于线偏振转换器领域，多种基于表面等离子体超材料的单频和多频的线偏振转换器已经在各个波段被相继提出和获得。在此基础上，通过多频叠加和设计特殊的局部对称结构获得了高效、宽频的线偏振转换器。与线偏振转换器相比，圆偏振转换器和线变圆偏振转换器由于在成像和生物探测方面有着潜在的应用价值，因而引起了更为广泛的关注。目前，一方面，基于三维的螺旋超材料结构已经获得宽频的圆偏振转换器。另一方面，通过嵌套的开口环、亚波长纳米缝、十字形缝阵列、椭圆天线、椭圆光栅、L形缝阵列等非对称结构获得了线变圆偏振转换器。这些非对称结构经过垂直入射的电磁波能够激发两个相互垂直的共振模式,所激发的两个共振模式都能引起近似相等的振幅并在它们之间产生 90°的相位延迟,从而实现线变圆偏振转换器的功能。然而单个非对称结构只对一个共振频点响应。为了得到宽频的线变圆偏振转换器,2011 年,Yu 通过叠加两组各向异性的 V 形天线的方法获得了宽频的线变圆偏振转换器。而该偏振转换器由于异常折射的存在,导致其转换效率较低。随后,各种可实现的高效线变圆偏振转换器被相继提出,例如,基于反射式超表面的 L 形和 I 形结构的宽频线变圆偏振转换器、基于多层超表面的堆叠金属线栅结构的高效宽频的线变圆偏振转换器。但是,反射式偏振转换器的宽频特性是基于介质层的色散补偿,限制了其实际应用。而多层金属光栅结构的偏振转换器是基于各层的独立功能,因此,避免层内耦合增大了器件的制备难度。本节将介绍基于表面等离激元超表面的 THz 波偏振转换器件。

6.2.1 电磁波的偏振

平面波是横电磁波,它的电场强度矢量的方向,即振动方向与平面波的传播方向垂直。横电磁波的重要表现是偏振态,它的种类包括椭圆偏振态、线偏振态和圆偏振态。

在各向同性介质中,当光沿着+z 方向传播时,电场只包含 x 方向和 y 方向两个分量。此时,电场表示为

$$\boldsymbol{E}(z, t) = \boldsymbol{x}E_x + \boldsymbol{y}E_y \qquad (6-1)$$

$$E_x = a\cos(\omega t - kz + \varphi_x) \qquad (6-2)$$

$$E_y = b\cos(\omega t - kz + \varphi_y) \qquad (6-3)$$

式中, $\boldsymbol{x}$ 和 $\boldsymbol{y}$ 为 x 方向和 y 方向的单位矢量,我们将 x 和 y 两个方向的电场合成,可以得到

$$\frac{E_x^2}{a^2} + \frac{E_y^2}{b^2} - \frac{E_x E_y}{ab}\cos\delta = \sin^2\delta \qquad (6-4)$$

式中，$\delta = \varphi_x - \varphi_y$ 为 E_x 和 E_y 的初始相位差。式(6-4)是平面波的电场矢量末端运动轨迹方程。该公式表明，在与传播方向垂直的平面内，E_x 和 E_y 合成的轨迹曲线为椭圆。更准确地说，电场以螺旋形沿着 $+z$ 方向传播，在 x-y 平面形成一个椭圆曲线，能构成这种电场矢量末端运动轨迹曲线的平面波称为椭圆偏振波。

当两束垂直叠加的平面波的初始相位差改变时，根据式(6-4)可知，该椭圆矢量波动轨迹曲线也将发生变化。

当 $\delta = m\pi$ （m 为整数）时，由式(6-4)整理得

$$\frac{E_y}{E_x} = (-1)^m \frac{b}{a} \qquad (6-5)$$

由上式可知，此时电场矢量末端运动轨迹曲线为一条直线，因此，这种平面波是线偏振波。

当 $\delta = m\pi/2$（m 为奇数）且 $a = b$（两个垂直叠加的电场分量振幅相等）时，式(6-4)可以简化为

$$E_x^2 + E_y^2 = a^2 \qquad (6-6)$$

则此时轨迹曲线是一个半径为 a 的圆，所以该平面波为圆偏振波。

此外，椭圆偏振波和圆偏振波分为左旋偏振波和右旋偏振波。逆着光传播的方向观察，平面波随时间的变化而顺时针螺旋旋转传播时是右旋偏振波，随时间的变化而逆时针螺旋旋转传播时是左旋偏振波。然而左旋偏振和右旋偏振完全取决于两个垂直叠加的电场矢量端点的初始相位差 δ。

如图 6-1 所示，不同的 δ 值对应不同的椭圆偏振态。

6.2.2 实现偏振转换的相关理论

电磁波的偏振特性是电磁波的重要物理信息，因此它在众多领域被应用。实现对电磁波的偏振调控在实际应用中有着重要的意义，各种调制手段由此显得相当重要。传统方法包括通过光栅、偏振片、双折射晶体、布儒斯特效应等实现偏振转换，但是它们具有转换率低、应用范围有限等缺陷。新型人工材料的出现丰富了电磁波偏振转换的手段，这里我们主要介绍利用传统的各向异性介质

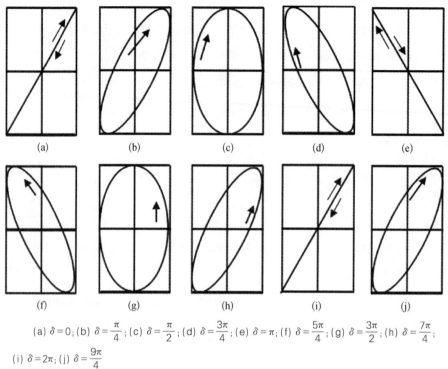

(a) $\delta = 0$; (b) $\delta = \dfrac{\pi}{4}$; (c) $\delta = \dfrac{\pi}{2}$; (d) $\delta = \dfrac{3\pi}{4}$; (e) $\delta = \pi$; (f) $\delta = \dfrac{5\pi}{4}$; (g) $\delta = \dfrac{3\pi}{2}$; (h) $\delta = \dfrac{7\pi}{4}$;

(i) $\delta = 2\pi$; (j) $\delta = \dfrac{9\pi}{4}$

图 6 - 1

和新型的各向异性介质对电磁波偏振转换的原理。自然界中绝大多数的材料是各向同性的,在各向同性介质中,光波在各个方向的传播速度都是相同的。与之相对应地,各向异性材料则是指材料的电磁参数在不同方向具有不同的取值。传统的最具代表的各向异性材料为双折射晶体,它的一个重要特征是光束入射到晶体表面将发生双折射和双反射,光波进而在晶体内分解为两束振动方向不同的波传播,且两束光波的传播速度不同,因而在双折射晶体内部会产生偏振效应。传统型的偏振转换器件根据功能主要可以分为偏振器和相位延迟器两种。其中偏振器分为偏振棱镜和偏振片两种,它们主要是根据波的反射、吸收、折射和散射等现象把入射波分解为两束正交的线偏振波,选取所需的其中一束。如偏振棱镜是根据全反射角随折射率改变的原理将两束垂直偏振的波分离,典型的有格兰-汤普森棱镜、沃拉斯顿棱镜。偏振片主要是基于晶体的散射和二向色性起偏。典型的传统型偏振器的工作原理如图 6-2 所示。

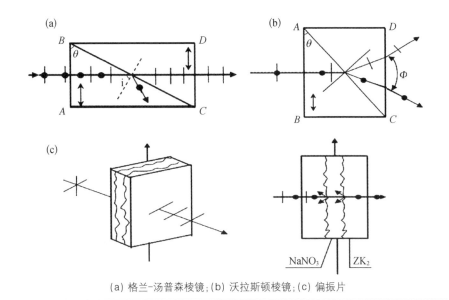

图 6-2
典型的传统型
偏振器的工作
原理示意图

(a) 格兰-汤普森棱镜;(b) 沃拉斯顿棱镜;(c) 偏振片

利用相位延迟器来实现偏振转换的常用光学器件主要是波片,它是通过控制入射波的两个相互垂直的偏振分量的相位差来调控偏振态。当一束偏振光通过波片时,将会增加一个相位差,也就是相位延迟,从而可以调制偏振态。相位延迟不同所得到的偏振态也不同,根据相位延迟的不同取值,波片可以分为实现线偏振光转椭圆偏振光的 1/4 波片和实现旋转偏振方向角的 1/2 波片。1/4 波片和 1/2 波片的工作原理如图 6-3 所示。

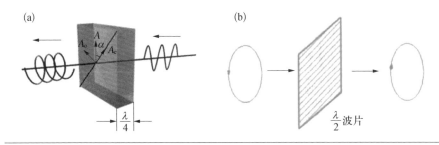

图 6-3
1/4 波片和 1/2
波片的工作原
理示意图

6.2.3 基于等离激元超表面的偏振转换理论

自然界中的各向异性材料,即传统的各向异性介质由于不同方向折射率的差异被广泛应用于偏振片实现线极化、圆极化、交叉极化之间的相互转换。但是,在传统的偏振转换手段被用来设计制作偏振转换器的过程中,为了满足一定的相位差往往要求有很大的厚度,而且工作频宽也由于材料本身而受限。新型人工电磁材料的提出减小了传统各向异性材料制造的难度,为各种偏振调制提供了新的手段和方法。电磁超材料实现线偏振转换成圆偏振的手段可分为透射式偏振转换和反射式偏振转换。透射式偏振转换,不仅要求不同偏振方向的透射波产生一定的相位差,同时还要保证它们透过的振幅相同。同时,透射式偏振转换的转换效率与单元结构的谐振有很大联系,利用率较低。对于反射式偏振转换,只要保证材料无损耗或者损耗比较低,在一定的频率上,就可近似认为电磁波实现了全反射,转换效率接近100%。此时,反射系数均为1,只需要满足特定的相位差就可实现高效率的偏振转换。通常各向异性新型人工电磁材料的相对介电常数和磁导率为

$$\varepsilon = \begin{pmatrix} \varepsilon_x & 0 & 0 \\ 0 & \varepsilon_y & 0 \\ 0 & 0 & \varepsilon_z \end{pmatrix} \tag{6-7}$$

$$\mu = \begin{pmatrix} \mu_x & 0 & 0 \\ 0 & \mu_y & 0 \\ 0 & 0 & \mu_z \end{pmatrix} \tag{6-8}$$

式中,对角线元素可为正值也可为负值。在各向异性介质中,电场方向和其产生的偏振方向不一致,即 $\boldsymbol{D}$ 与 $\boldsymbol{E}$ 的方向不一致,称为电各向异性的介质;同样地,若 $\boldsymbol{B}$ 与 $\boldsymbol{H}$ 方向不一致,称为磁各向异性的介质。

假设一束平面电磁波以 x 极化沿 $+z$ 方向入射到各向异性介质中,即

$$\boldsymbol{E} = \hat{x} \boldsymbol{E}_0 e^{j(k_z z - \omega t)} = \hat{x} \boldsymbol{E}_x \tag{6-9}$$

根据麦克斯韦方程组,在无源的空间里:

$$\nabla \times \boldsymbol{H} = j\omega \boldsymbol{D} \tag{6-10}$$

$$\nabla \times \boldsymbol{E} = -j\omega \boldsymbol{B} \tag{6-11}$$

$$\nabla \cdot \boldsymbol{D} = 0 \qquad (6-12)$$

$$\nabla \cdot \boldsymbol{B} = 0 \qquad (6-13)$$

代入 $\boldsymbol{E}$ 可以得到

$$\nabla \times (\nabla \times \boldsymbol{E}) = \nabla (\nabla \cdot \boldsymbol{E}) - \nabla^2 \boldsymbol{E} = k_z^2 E_x \qquad (6-14)$$

$$\nabla \times \boldsymbol{B} = \begin{vmatrix} \hat{x} & \hat{y} & \hat{z} \\ \dfrac{\partial}{\partial x} & \dfrac{\partial}{\partial y} & \dfrac{\partial}{\partial z} \\ 0 & \mu_y H_y & 0 \end{vmatrix} = -\hat{x} \frac{\partial}{\partial z} (\mu_y H_y) + \hat{z} \frac{\partial}{\partial x} (\mu_y H_y)$$

$$= \mu_y \left(-\hat{x} \frac{\partial}{\partial z} H_y + \hat{z} \frac{\partial}{\partial x} H_y \right) = \mu_y (\nabla \times \boldsymbol{H}) \qquad (6-15)$$

将式(6-11)代入式(6-14)得到

$$\nabla \times (\nabla \times \boldsymbol{E}) = -j\omega \nabla \times \boldsymbol{B} = \omega^2 \mu_y \varepsilon_x E_x \qquad (6-16)$$

由式(6-14)、式(6-16)可得 $k_z = \omega \sqrt{\mu_y \varepsilon_x}$；同理,可以得到 y 极化平面电磁波沿 $+z$ 方向入射到各向异性介质的情况为 $k_z = \omega \sqrt{\mu_x \varepsilon_y}$。

由以上结果可见,当电磁场入射到各向异性介质时,如果 $\mu_x \varepsilon_y \neq \mu_y \varepsilon_x$,则电场 x 方向和 y 方向所得到的波矢量不同,那么对于给定厚度的各向异性介质来说,这两种情况下的入射波将会得到不同的相位。这就是各向异性对电磁波极化进行调制的基本原理。电磁超材料的深入研究为新型各向异性材料的发展提供了新的有效出路。各向异性这一优良特性和电磁超表面相结合,从而使得超表面具有很强的偏振调制能力。超表面(Metasurface)是一种由一系列的亚波长的人工微结构构成的超薄二维阵列平面,其本质是具有亚波长周期性的不连续相位光栅。超表面通过控制波前相位、振幅以及偏振态来实现对光束的控制。2011 年,Yu 等提出如果在两种介质的分界面上能够产生一个随位置变化的突变相位,那么就可以通过精确设计散射结构对经过界面的散射电磁波进行相位调制,从而实现反常折射和反射。因此,他们将超表面定义为能够使一束光在自由空间波长范围内产生相位、振幅突变效应的超薄平面光学元件。由亚波长的人工微结构(亦可称为等离子体天线)序列组成的超表面具有制作相对简单、损耗相对较低、体积小型化和厚度超薄等特点,其可实现对电磁波振幅和相位、传播模式、偏振态的有效调控。

2012年,Yu等又利用V形天线组成的超表面结构实现了1/4波片的功能,如图6-4所示。所提出的超表面结构是由两个具有不同相位突变分布的子单元a和子单元b构成的,每个子单元包含8个V形金属天线。当一束线偏振波垂直经过两个子单元构成的表面后,可产生两束具有相同振幅、偏振方向相互垂直的同向波。当子单元内的V形金属天线的间距设定为周期尺寸的1/4时,所产生的同向波相位差恰好为π/2,再经过干涉叠加形成一个圆偏振光。又由于该超表面具有反常折射的性质,所形成的反常折射光恰好满足线偏振向圆偏振转化的条件。

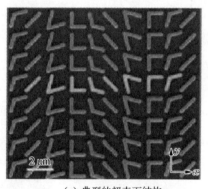

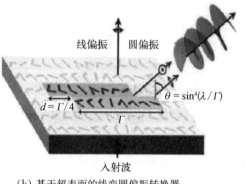

（a）典型的超表面结构　　　（b）基于超表面的线变圆偏振转换器

图6-4
V形天线超表
面结构示意图

对于电磁波偏振态的转换,我们可以通过对入射电磁波进行分解,将对应的电磁波分量的相位进行转换,从而实现电磁波偏振态的转换。例如,圆偏振态的获取,我们可以通过两束偏振方向垂直、相位差为π/2的线偏振叠加来实现,那么我们只需要设计可以获得我们预期想要的相位的方法即可。超表面可使入射的电磁波发生相位突变,通过修改超表面结构单元的几何尺寸,则可获得任意相位。其中对于圆偏振光入射,只需要控制超表面结构单元的光轴方向就可实现相位的调控。因为超表面具有空间变化的光轴,所以会产生PB(Pancharatnam - Berry)相位。由于PB相位仅与光轴的方向角有关,又被称为几何相位。PB相位对于圆偏振光的调控相当重要,到目前为止关于圆偏振光的调控都是通过PB相位来实现的。

对于任意的超表面来讲,假定其位于直角坐标系的 $z=0$ 平面内,可定义一个一般形式的透射矩阵:

$$\boldsymbol{T} = \begin{pmatrix} T_{xx} & T_{xy} \\ T_{yx} & T_{yy} \end{pmatrix} \qquad (6-17)$$

式中,T_{xx} 代表 y 方向的线偏振光入射时 x 方向的透射系数,其他元素的意义类推。对于超薄的超表面来说,当入射光斜入射时可能打破二维表面的对称性进而产生磁耦合效应导致 $T_{xy} \neq T_{yx}$,即使有磁耦合效应存在,这种效应也是可以忽略的。特别地,在垂直入射的情况下,x 与 y 偏振之间是没有耦合的,即 $T_{xy}=T_{yx}=0$。 对于光轴与 x 轴成 θ 角的超表面结构单元而言,其透射矩阵在直角坐标系中表示为

$$
\begin{aligned}
\boldsymbol{T}' &= \boldsymbol{R}(-\theta) \cdot \begin{pmatrix} T_{xx} & 0 \\ 0 & T_{yy} \end{pmatrix} \cdot \boldsymbol{R}(\theta) \\
&= \begin{pmatrix} T_{xx}\cos^2\theta + T_{yy}\sin^2\theta & (T_{yy}-T_{xx})\sin\theta\cos\theta \\ (T_{yy}-T_{xx})\sin\theta\cos\theta & T_{xx}\sin^2\theta + T_{yy}\cos^2\theta \end{pmatrix}
\end{aligned} \qquad (6-18)
$$

式中,$\boldsymbol{R}(\theta) = \begin{pmatrix} \cos\theta & -\sin\theta \\ \sin\theta & \cos\theta \end{pmatrix}$ 表示直角坐标系沿逆时针方向旋转 θ 角的旋转矩阵。矩阵 $\boldsymbol{T}'$ 适用于线偏振入射的情况,当入射光为圆偏振光时,式(6-18)可以表示为以左旋和右旋为基准的透射矩阵 $\boldsymbol{T}_{\mathrm{cp}}$:

$$\boldsymbol{T}_{\mathrm{cp}} = \frac{1}{2} \begin{pmatrix} T_{xx}+T_{yy} & (T_{xx}-T_{yy})e^{j\cdot 2\theta} \\ (T_{xx}-T_{yy})e^{-j\cdot 2\theta} & T_{xx}+T_{yy} \end{pmatrix} \qquad (6-19)$$

为了探讨圆偏振光入射到超表面后其透射光的特性,我们先讨论右旋圆偏振光入射的情况。我们用琼斯矢量 $\boldsymbol{E}_{\mathrm{in}}$ 表示入射的右旋圆偏振光。在以两种圆偏振光为基准的坐标系中,右旋圆偏振光的琼斯矢量可以表示为 $\boldsymbol{E}_{\mathrm{in}} = E_0 \cdot [1, 0]^{\mathrm{T}}$,因此透射光可以表示为

$$\boldsymbol{E}_{\mathrm{out}} = \frac{1}{2}(T_{xx}+T_{yy})\begin{pmatrix} 1 \\ 0 \end{pmatrix} + \frac{1}{2}(T_{xx}-T_{yy})e^{-j\cdot 2\theta}\begin{pmatrix} 0 \\ 1 \end{pmatrix} \qquad (6-20)$$

同理,对于左旋圆偏振光的情况,入射光的琼斯矢量表示为 $\boldsymbol{E}_{\mathrm{in}} = \boldsymbol{E}_0 \cdot [1, 0]^{\mathrm{T}}$,此时出射场可表示为

$$\boldsymbol{E}'_{\mathrm{out}} = \frac{1}{2}(T_{xx} + T_{yy})\begin{bmatrix} 0 \\ 1 \end{bmatrix} + \frac{1}{2}(T_{xx} - T_{yy})\mathrm{e}^{j \cdot 2\theta}\begin{bmatrix} 1 \\ 0 \end{bmatrix} \qquad (6-21)$$

式(6-20)和式(6-21)中的 2θ 为交叉偏振光所携带的 PB 相位。从式(6-20)可以看出圆偏振光入射时,透射光包含两部分:不携带额外相位的相同偏振的偏振光(方程中的第一项)以及具有额外相位 2θ 的交叉偏振光(方程中的第二项)。需要注意的是方程中的透射系数都是复数,既有振幅信息又有相位信息。我们考虑一种特殊的情况,当 T_{xx} 与 T_{yy} 之间的相位差为 π 时,式(6-20)中的第一项为零。此时,透射光中将只含有交叉偏振光,即偏振转化效率为 100%。从推导过程可得出要实现预期的相位变化,只需要简单旋转相应的角度就可获得想要的相位。在设计线偏振变圆偏振的超表面转换器时,我们可以考虑将线偏振光分解为一束左旋圆偏振光和一束右旋圆偏振光,利用 PB 相位实现圆偏振光的相位突变,从而可以将线偏振光转换为圆偏振光。

基于超表面的 THz 波线偏振转换器是一种超薄的人工微结构波片/器件。由于它所具备的调控偏振的功能可以广泛应用于成像、探测、传感以及信号处理等领域,因此,近几年已经引起了研究热潮。

目前已提出的超表面线偏振转换器有许多种,按照其实现频率的范围可以分为单频线偏振转换器、多频线偏振转换器和宽频线偏振转换器等;按照其结构类型可以分为金属线栅结构线偏振转换器、垂直金属缝结构线偏振转换器和非对称结构线偏振转换器;按照层数可以分为单层线偏振转换器、双层线偏振转换器和多层线偏振转换器。下面我们将介绍基于单层超表面和非对称性原理而设计的分裂双环槽结构的宽频 THz 波线偏振转换器。

6.2.4　单层超表面的宽频 THz 波线偏振转换器

基于单层超表面的旋转金属缝结构的线偏振转换器,我们根据非对称性原

理,设计了一种分裂双环槽结构(图 6-5)的线偏振转换器。

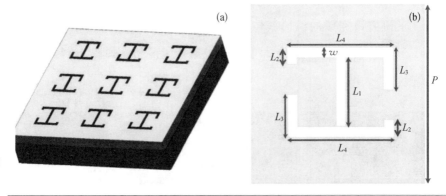

图 6-5
分裂双环槽结
构示意图

所设计的分裂双环槽结构的参数为 $L_1 = 70\,\mu m$、$L_2 = 15\,\mu m$、$L_3 = 33\,\mu m$、$L_4 = 110\,\mu m$、$P = 180\,\mu m$、$w = 10\,\mu m$。此时,$h = 90 - L_2 - L_3 = 42\,\mu m$。我们用水平偏振的 THz 波垂直透过该分裂双环槽结构的线偏振转换器,得到的透射系数如图 6-6(a)所示。

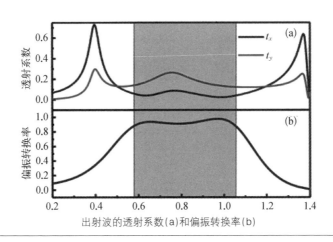

图 6-6　出射波的透射系数(a)和偏振转换率(b)

已知偏振转换率为

$$PCR = t_y^2/(t_x^2 + t_y^2) \tag{6-22}$$

式中,t_x 为出射波在 x 方向上的分量;t_y 为出射波在 y 方向上的分量。如图 6-6 中的灰色区域所示,在 0.594~1.054 THz 偏振转换率不低于 90%,且由透射系数曲线可知，t_x 在 0.64 THz 和 0.98 THz 处，出现了两个低谷，通过式(6-22)计算所得的偏振转换率在这两个频点处最高，形成了两个高于 90% 的峰。

为了研究该宽频的线偏振转换器的深层物理机制，我们对 0.64 THz、0.79 THz、0.98 THz 三个频点的电场分布进行了分析。如图 6-7 所示，在

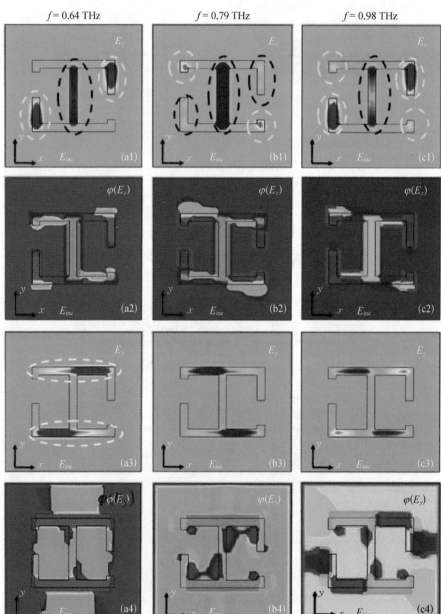

图 6-7
E_x 和 E_y 的电场分布与相位分布

0.64 THz处,水平偏振的 THz 波垂直入射到该分裂双环槽结构表面,同时激发了两个相互垂直的共振模式(E_x 和 E_y)。水平方向的振荡产生的电场主要聚集在垂直方向的金属缝内[图 6-7(a1)中的黄色环区与黑色环区],且黄色环区与黑色环区的相位明显不同,约相差 180°[图 6-7(a2)],这表明黄色环区与黑色环区的电场相位反转,即水平方向的电场强度为黄色环区与黑色环区两部分产生的电场强度之差,所以水平方向的电场呈现抑制效应,因而水平方向的透射系数减小。然而,垂直方向的振荡产生的电场主要聚集在水平方向的金属缝内[图 6-7(a3)中的白色环区],两个白色环区的电场相位差约为 0°,这表明白色环区内的金属缝产生的电场相位相同,即垂直方向的电场强度为两个水平金属缝产生的电场强度之和,所以垂直方向的电场呈现增强效应,因而垂直方向的透射系数增大。通过优化参数,可以完全抑制水平方向的电场,最大限度地增强垂直方向的电场,实现水平偏振转换为垂直偏振的功能。同理,在 0.79 THz 和 0.98 THz 处,也是通过抑制水平方向的电场、增强垂直方向的电场的方式实现 90°线偏振转换。

由以上宽频的仿真结果我们已经知道,结构尺寸参数对偏振转换的频宽大小起到决定性的作用,为了探究结构的非对称程度对频宽变化的影响,我们对结构的非对称部分(垂直槽的长度和开口的位置等)的尺寸进行参数扫描,通过计算不同结构参数模型的偏振转换率,获得多种频宽的偏振转换器,实现可调谐的线偏振转换。

这里我们以分裂双环槽结构的开口位置为例,通过改变开口的位置来设计频宽可调谐的线偏振转换器。我们在保持开口的长度不变的条件下,将左边的开口的位置逐渐下移,相应地,右边的开口的位置将上移,则左右两个开口的对称度逐渐增大。所设计的不同开口位置的结构如图 6-8 所示。

我们对图 6-8 所示的四种不同开口位置结构的偏振转换率进行了计算,四种结构对应的偏振转换率如图 6-9 所示。当该分裂双环槽的开口位置如图 6-8(a)所示时,左右两边开口的非对称度最高,此时高于 90%的偏振转换率的频宽最宽,约为 0.46 THz(0.594～1.054 THz,如图 6-9 中的黑线所示)。当该分裂双环槽的开口位置如图 6-8(b)所示时,此时左边开口的位置相对于图 6-8(a)下降了 6 μm,右边开口的位置相对于图 6-8(a)上升了 6 μm,非对称

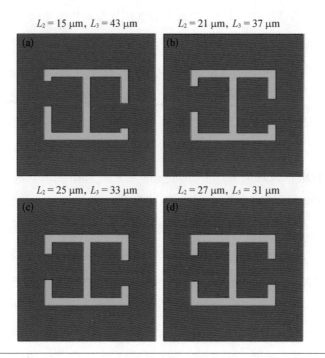

$L_2 = 15\ \mu m,\ L_3 = 43\ \mu m$ (a) $L_2 = 21\ \mu m,\ L_3 = 37\ \mu m$ (b)

$L_2 = 25\ \mu m,\ L_3 = 33\ \mu m$ (c) $L_2 = 27\ \mu m,\ L_3 = 31\ \mu m$ (d)

图6-8
所设计的不同
开口位置的结
构图

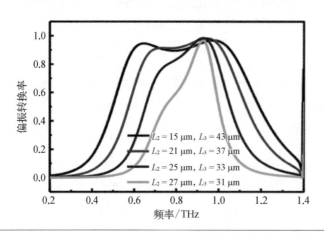

图6-9
不同开口位置
结构对应的偏
振转换率

度降低。因此,90%以上的偏振转换率所对应的频宽变为 0.33 THz(0.69~1.02 THz,如图6-9中的红线所示),与图6-8(a)中结构的频宽相比,缩小了0.13 THz。当该分裂双环槽的开口位置如图6-8(c)所示时,左边开口的位置相对于图6-8(b)下降了4 μm,右边开口的位置相对于图6-8(b)上升了4 μm,非对称度再次降低,频宽进一步缩小。此时,偏振转换率在 90%以上的频宽为

0.12 THz(0.858～0.978 THz,如图 6-9 中的蓝线所示),与图 6-8(a)中结构的频宽相比,缩小了 0.34 THz。当该分裂双环槽的开口位置如图 6-8(d)所示时,左边开口的位置相对于图 6-8(c)下降了 2 μm,右边开口的位置相对于图 6-8(c)上升了 2 μm,此时非对称度非常小,偏振转换率在 90％ 以上的频宽进一步缩小,约为 0.054 THz(图 6-9 中的绿线),近似为单频线偏振转换。

根据以上结果分析可知,当我们逐渐降低左边开口的位置时,右边开口的位置将逐渐升高,此时,结构的非对称度减小,偏振转换率在 90％ 以上的频宽也逐渐减小,所以,偏振转换率的频宽大小取决于结构的非对称部分的非对称度。非对称度与结构参数相匹配时,频宽最宽。随着非对称度的减小,频宽逐渐变窄,最后变为单频。当结构的非对称度减小为 0 时,表示结构左右对称,此时,将不能实现偏振转换。因此,我们可以利用结构的非对称度来进行调谐频宽的设计。

我们加工了这种非对称偏振转换器,样品的光学显微镜图片如图 6-10 所示。实验测得的透射系数(图 6-11)和偏振转换率(图 6-12)数据表明,实验测试结果与仿真理论结果基本一致,微小的差别可能是由样品的制备误差和测量误差以及系统的不稳定性造成的。因此,我们通过实验验证了该种基于单层超表面的线偏振转换器在 0.594～1.054 THz 能实现 90° 的线偏振转换且偏振转换率高于 90％。

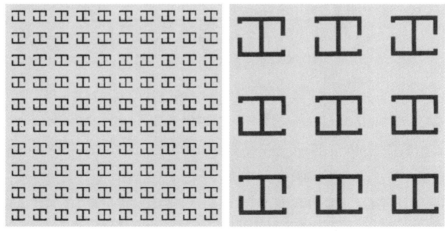

图 6-10
样品的光学显微镜图片

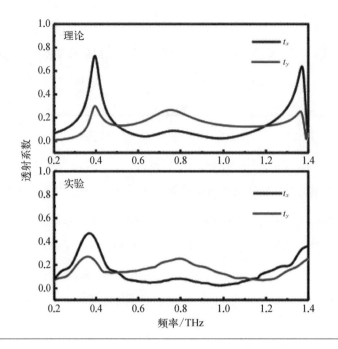

图 6－11
理论与实验透
射系数图

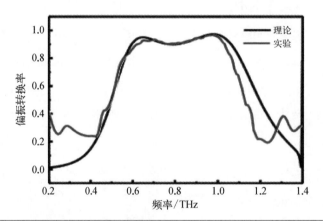

图 6－12
理论与实验偏
振转换率图

上面我们已经获得了基于单层超表面的宽频 THz 波线偏振转换器。与线偏振转换器相比,圆偏振转换器和线变圆偏振转换器由于在成像和生物探测方面有潜在的应用价值,因而引起了研究者更多的关注。目前,已经利用各种三维的螺旋结构实现了宽频的圆偏振转换器。

综上所述,基于非对称原理,设计出了分裂双环槽结构的宽频 THz 波线偏振转换器。仿真结果和实验结果表明,该 THz 波线偏振转换器在 0.594～1.054 THz

可以实现线偏振转换，并且通过调节结构的非对称度可以获得多种频宽的线偏振转换器，并实现带宽的可调谐。如今，随着 THz 科学与技术的不断发展和普及，作为 THz 技术的重要领域之一的 THz 偏振转换技术，在 THz 偏振调控中得到广泛应用。THz 波线偏振转换器也正朝着器件更薄、频谱宽度更宽、转换效率更高、工作频段可调谐的方向发展。目前所设计的大多数 THz 波线偏振转换器都只是在固定的结构、固定的波长范围下工作的，且转换效率仍待提高，实现全方位、可调谐、高效、宽频的 THz 波线偏振转换器还在不断地研究中。可以想象，在不久的将来，将发掘全新的理念和思路来设计和制备尺寸更小、更薄、频谱更宽、偏振转换率更高、可调谐范围更广、功能更强大、性能更优异的 THz 波线偏振转换器。

6.3 完美吸收器件

长期以来，吸收器广泛应用于微型辐射热测量仪、太阳能电池、频谱成像探测器等领域，除此之外，它还能完全覆盖在物体表面实现对入射电磁波的完全吸收，从而使其避免被雷达等探测。它的这些特点引起了广大科研人员的广泛关注。第一个等离激元超表面吸收器由 N. I. Landy 等在 2008 年提出，这个吸收器工作在微波频段，由于其在理论上在 11.5 GHz 可以达到接近 100% 的吸收率而被称为"完美超材料吸收器"。同年，H. Tao 等在半绝缘 GaAs 基底上利用微加工技术制作了 THz 波段第一个超材料吸收器，结构与 N. I. Landy 提出的微波吸收器结构相同，该吸收器具有体积小、窄带响应以及易于集成等优点。随后 H. Tao 等提出了一种改进的超材料吸收器，这种吸收器依然是三层结构，唯一的区别在于其底层使用了连续的金属薄膜代替原来的金属条，与第一种吸收器相比，其制备工艺更加简单，无须多步光刻，制作误差更小。同时由于底层是连续的金属薄膜，因而在整个频域内电磁波都不能透过整个材料，使得透射率为零。这种结构的吸收器能够灵活地改变频率选择表面的人工结构和尺寸，调节相关电磁参数，从而与入射电磁波的电磁分量产生耦合，使入射到吸收器上的电磁波在特定频率被限制在介质层中几乎不被反射也不透射，直到被介质层或者金属层完全损耗掉,实现理论上的完美吸收。自此,这种以连续金属薄膜为底层的三层结构式成为研究者们最常用的超材料吸收器结构。2009 年,N. I. Landy 等首次提出吸收器结构存在偏振相关的特点,随后设计了一种与入射电磁波偏振无关的 THz 吸收器结构。在热探测、隐身等实际应用中,除了需要单频吸收器外,更多的是需要双频吸收器、多频吸收器、宽频吸收器以及可调谐吸收器。Qi-Ye Wen 首次提出一种具有两个频段的吸收器,整个结构是以 500 μm 的 Si-GaAs 为基底,介质层是 10 μm 厚的聚酰亚胺,最上面一层是利用刻蚀的方法制作的 200 nm 厚的电开口谐振环(Electric Split - Ring Resonator,eSRR)结构。这个吸收器的独特之处在于一个 eSRR 结构单元是由两个单独的谐振环左右嵌套组成的,这两个单独的谐振环具有不同的开口环,可产生两个不同的电容-电感(LC)谐振。随后,H. Tao 等也提出类似结果的双波段吸收器,上层的谐振结构是由两个不同尺寸的谐振环上下组合得到的一个复合结构,尺寸较大的谐振单元在低频表现出 LC 谐振,尺寸较小的谐振单元在高频显示偶极子谐振从而实现双波段的吸收特性。此外,介质层的损耗角正切值 $\tan\delta$ 对吸收器的吸收效果有很大影响,介质的损耗在一定程度上可以增加吸收率,但是当饱和后再增加,吸收率就会降低,因此在设计吸收器时应该综合考虑介质损耗,合理优化结构尺寸和介质层厚度从而达到理想的吸收效果。2011 年,Y. Ma 设计出一种简单的极化不敏感的双波段吸收器。该吸收器整体依然是金属-介质-金属的三层结构,上层是两个内外嵌套的闭合方形环,可以在两个频点处产生偶极子谐振。X. P. Shen 等在 2012 年通过增加方形环的数量设计了一种三波段吸收器,这个吸收器的最上面一层是由三个方形环嵌套在一起组成的整体结构,原理与双波段吸收器类似。此外,在实际应用中宽频超材料吸收器和可调超材料吸收器也是研究的热点。

本节介绍了基于超材料的双波段吸收器,详细介绍了吸收器的结构特点、两个吸收峰处谐振的模式以及吸收器的吸收性能,并利用多重反射相消干涉理论对吸收器的吸收机理进行了详细的讨论分析。设计的吸收器的中间介质层是 25 μm 厚的独立的聚酰亚胺薄膜,无须坚硬的衬底,具有低质量、可弯曲、超薄等优点,可应用在非平面领域,如隐形飞机、微型辐射热测量仪等。

设计的与偏振无关的双波段吸收器如图 6 - 13 所示。图 6 - 13(a)是吸收器一个单元的侧视图,这个吸收器由三层结构构成,上层是 2×2 的双开口谐振环阵列,开口谐振环"2"是由开口谐振环"1"顺时针旋转 $90°$ 得到的,与开口谐振环"1"有相反的开口方向,开口谐振环"1"和"3"具有相同的开口方向,开口谐振环"2"和"4"具有相同的开口方向,单元中的四个开口谐振环都与图 6-13(c)中的单个开口谐振环具有相同的尺寸。顶层的金属结构是超材料的主要部分,当电磁波入射到其表面时会引起谐振,而吸收器的吸收频率与谐振频率紧密相连,通过设计合适的谐振结构使其具有两个共振频率,且每个共振频率附近都满足强吸收,这样以此谐振结构合成的吸收器就具有两个吸收峰。底层是连续的金属铝(Al)膜,用来消除整个工作频率上的透射,使透射率为 0,即 $T(\omega) = 0$,所以在设计时主要考虑如何通过优化和调节 SRRs 的尺寸参数使反射降到最低。在顶层金属结构和底层连续金属薄膜之间是一定厚度的介质层,我们选用 $25~\mu m$ 厚的聚酰亚胺薄膜作为中间的介质层,这是因为聚酰亚胺的绝缘性好,柔韧性强,非常适合 THz 领域的应用。而且采用直接购买的聚酰亚胺薄膜简化了制作步骤,也降低了由于自行制作薄膜所带来的厚度误差。最终得到的双波段吸收器是由图 6-13(a)所示的单元沿 x 方向和 y 方向周期性延展后得到的[图 6-13(b)]。

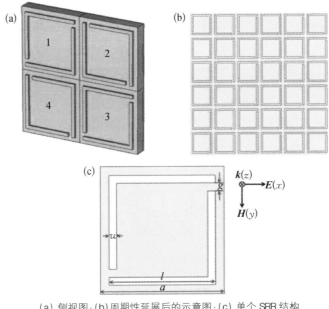

图 6-13
双波段吸收器
示意图

(a) 侧视图;(b)周期性延展后的示意图;(c) 单个 SRR 结构

使用专门的电磁仿真软件 CST Microwave Studio 对所设计的吸收器进行全波仿真和结构优化。仿真时电磁波的传输方向与 z 轴平行，即与 SRRs 结构平面垂直；垂直入射时电场方向与 x 轴平行，磁场方向沿 y 轴方向；上下层的 Al 都采用损耗金属模型，电导率 $\sigma_{Al}=3.56\times10^7$ S/m；中间介质层聚酰亚胺的介电常数 $\varepsilon=3.4$，损耗角正切值 $\tan\delta=0.09$。经过优化后，图 6-13(c) 中单个开口谐振环的最佳尺寸参数是 $a=153\,\mu m$、$l=131\,\mu m$、$w=8\,\mu m$、$g=10\,\mu m$，则单元周期 $2a=306\,\mu m$。双波段吸收器的透射率、反射率以及吸收率的仿真结果如图 6-14 所示，黑色曲线代表反射率，蓝色曲线代表透射率，红色曲线代表吸收率。从图中可以看出，透射率在整个频率上都是零，与上面的分析相吻合；在 0.41 THz 和 0.75 THz 处，反射率分别降到最小，接近于零，此时吸收率达到最大，分别为 99.7%、99.6%。

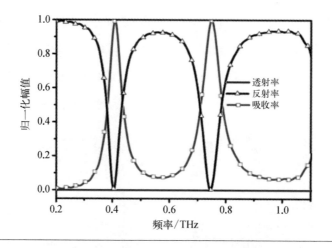

图 6-14 双波段吸收器的透射率、反射率以及吸收率的仿真结果

为了理解吸收峰处的谐振原因，我们用 CST 仿真了由单个 SRR 构成的吸收器的两个开口由中心对称向两边移动到非对称的过程，并监测了对称和极端非对称时吸收峰处的表面电场分布和表面电流分布。

当 SRR 的两个开口沿着水平轴完全对称时，只有一个吸收峰被激励，如图 6-15 所示。一旦将左边的开口沿着竖直方向往下移动 d，同时将右边的开口沿着竖直方向往上移动 d（这里 d 表示 SRR 的开口沿着竖直方向移动的距离），在高频 0.75 THz 左右就会激励第二个吸收峰，并且随着开口移动距离 d 的增加，高频吸收峰处的谐振加强，吸收率逐渐增大，同时伴有细微的红移，如图6-15(d)所示。当开口由对称($d=0\ \mu m$)移动到极端非对称($d=51.5\ \mu m$)时，在0.75 THz左右的吸收率由0增大到99.9%；低频处的吸收率没有太大变化，吸收峰产生了0.03 THz的蓝移。

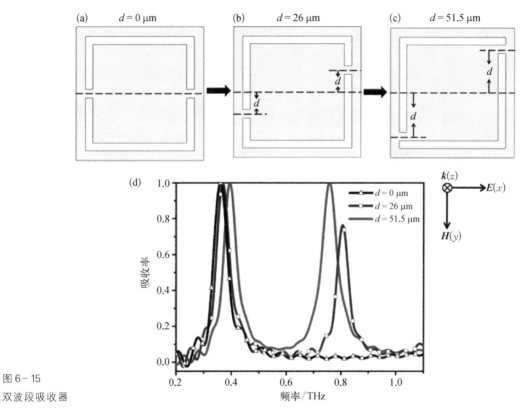

图6-15
双波段吸收器的谐振特性的分析

(a)～(c) 单个SRR结构由对称到非对称的变化过程；(d) 仿真的 $d=0\ \mu m$、$d=26\ \mu m$ 和 $d=51.5\ \mu m$ 的三个不同结构的吸收谱

为了进一步明确吸收峰谐振的物理机制，图6-16给出了单个SRR结构的两个开口完全对称($d=0\ \mu m$)和极端非对称($d=51.5\ \mu m$)时谐振频率处的表面电场分布和表面电流分布。图6-16(a)(d)是开口对称的吸收器在吸收峰0.36 THz处的表面电场分布和表面电流分布情况，可以看出其表面电流主要集中在与电场平行的上下两个金属臂上，这表明入射的THz波的电场分量与吸收器上层开口谐振环的上下两臂产生了同相位的偶极子响应，在外电场驱动下，电

荷沿着电场方向产生水平谐振。从图 6-16(a)也可以看出电场主要分布在谐振环的左右两侧,而且左右两侧的开口上下两边电场是同相位的,没有在开口处出现类似电容的情况。

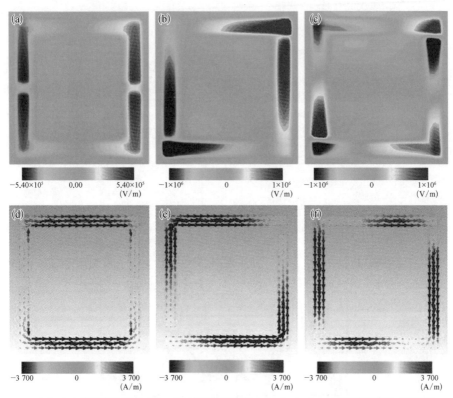

(a)~(c) 表面电场分布;(d)~(f) 表面电流分布,(a)(d) $d=0$ μm 时吸收频率为 0.36 THz,
(b)(e) $d=51.5$ μm 时吸收频率为 0.39 THz,(c)(f) $d=51.5$ μm 时吸收频率为 0.76 THz

图 6-16

当对称被打破后,在低频 0.39 THz 处其谐振模式与对称时类似,只是激发的偶极子谐振不再沿着 SRR 上下两个金属臂振荡,在这个频率上的两个同相位的偶极子谐振是由入射电磁波的电场分量与以 SRR 的两个开口为分界的两个半环相互作用产生的,此时的表面电流不再只分布在上下两臂上,同时也分布在垂直于电场方向的左右两臂上,电场主要分布在每个半环的两端,即谐振环开口的两侧,如图 6-16(b)(e)所示。然而,在非对称结构的高频 0.76 THz 处,谐振模式则截然不同,其表面电场分布如图 6-16(c)所示,表面电流分布如图 6-16(f)所示,由于打破对称激发了高阶的偶极子谐振,在每个半环上出现了两对偶极子。这是由于入射的 THz 波直接激发了上下两个平行于电场方向的金属臂谐振,然后这两个被激发的金属臂分别与它们连接的竖直的金属臂相耦合,从而产生了高阶的偶极子谐振模式,所以上半环的表面电流是从左上角的拐角处向左侧和上侧的两臂流动,而下半环的表面电流是从右侧和下侧的两臂向右下角的拐角处汇聚,导致开口两侧累积的电荷是异号的,存在一定的电势差,形成类似以开口两边为平行导板的经典电容。这种高阶的谐振特性在对称的结构中是不存在的。上面提到的吸收峰发生红移和蓝移的原因是谐振环的左右两臂在两个开口移动过程中长度发生变化,从而改变了沿着电场方向的偶极子谐振的辐射特性。

对于吸收器的吸收机理有多种解释,2012 年,Chen Hou-Tong 提出利用相消干涉理论来解释超材料吸收器的工作原理,如图 6-17 所示。该模型假设最上层的金属结构和底层的金属板(图中黄色部分)的厚度为零,因而存在两个分界面:空气-介质(包括上层金属结构)分界面和介质-金属底板分界面。当一束电磁波从上方空气入射到此结构上时,在空气-介质分界面处一部分电磁波被反射到空气中,反射系数 $\tilde{r}_{12}=r_{12}\mathrm{e}^{i\phi_{12}}$,另一部分则以透射系数 $\tilde{t}_{12}=t_{12}\mathrm{e}^{i\theta_{12}}$ 入射到介质层中,其中透射部分继续在介质层中传输,在经过底部的介质-金属底板分界面全反射后再次到达空气-介质分界面发生反射和透射,一部分电磁波透射到空气中,透射系数 $\tilde{t}_{21}=t_{21}\mathrm{e}^{i\theta_{21}}$,另一部分以反射系数 $\tilde{r}_{21}=r_{21}\mathrm{e}^{i\phi_{21}}$ 反射到介质层中继续传输并在其后发生多次反射和透射,经过反射和透射后电磁波的辐射和相位都发生了极大的变化。吸收器的整体反射特性是由空气-介质分界面上的多次反射叠加决定的,反射系数可由下式计算得到。

$$\tilde{r}=\tilde{r}_{12}+\frac{\tilde{t}_{12}\,\tilde{t}_{21}\mathrm{e}^{i(\pi+\delta)}}{1-\tilde{r}_{21}\mathrm{e}^{i(\pi+\delta)}}=\frac{\tilde{r}_{12}-(\tilde{r}_{12}\,\tilde{r}_{21}-\tilde{t}_{12}\,\tilde{t}_{21})\mathrm{e}^{i(\pi+\delta)}}{1-r_{21}\mathrm{e}^{i(\phi_{21}+\pi+\delta)}} \tag{6-23}$$

式中,$\delta=-2\sqrt{\varepsilon_{\mathrm{spacer}}}\,k_{0}t\cos\alpha'$ 是空气-介质分界面上相邻两束电磁波间传输引起的相位差,k_{0} 是自由空间的波数,$\alpha'=\arcsin(\sin\alpha/\sqrt{\varepsilon_{\mathrm{spacer}}})$ 是与任意入射角 α 对应的折射角。 反射率 $R(\omega)=|\tilde{r}^{2}|$,又因为一般超材料吸收器的底层是连续的金属层,因而 $T(\omega)=0$,则吸收器的吸收率 $A(\omega)=1-R(\omega)$。当多次反射的

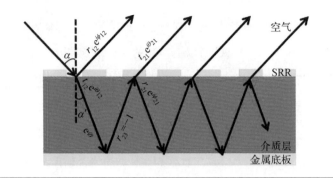

图 6-17
相消干涉原
理图

电磁波满足相消干涉条件时,可得 $R(\omega)=0$,$T(\omega)=1$,吸收器实现完美吸收。

式(6-23)中的幅度参数 r_{12}、t_{12}、r_{21}、t_{21} 和相位参数 ϕ_{12}、θ_{12}、ϕ_{21}、θ_{21} 可由软件 CST 仿真得到。具体仿真设置如下:首先将仿真模型最下层的连续金属层撤掉,要得到从空气入射到空气与介质的交界面上的 r_{12}、t_{12}、ϕ_{12}、θ_{12},将激励端口设置在 SRR 结构的前面,端口的参考面设置在空气-介质分界面处,将接收端口放置在聚酰亚胺边缘处,参考面也设置在空气-介质分界面处,此时在空气-介质分界面上只有一次反射,通过仿真就可以得到参考面处的反射系数和透射系数,端口的参考面设置如图 6-18 所示。同理,要得到电磁波从聚酰亚胺薄膜向空气传输时在界面处的 r_{12}、t_{12}、ϕ_{12}、θ_{12},只需将原来的接收端口改为激励端口,激励端口改为接收端口,参考面保持不变即可。仿真得到的反射系数和透射系数的幅度和相位如图 6-19 所示,图中 rt 代表 $\tilde{r}_{12}\tilde{r}_{21}-\tilde{t}_{12}\tilde{t}_{21}$ 的幅度大小,即 $rt=|\tilde{r}_{12}\tilde{r}_{21}-\tilde{t}_{12}\tilde{t}_{21}|$。

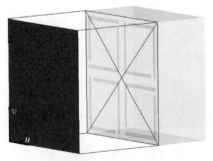

(a) 激励端口的参考面设置　　　　(b) 接收端口的参考面设置

图 6-18
分界面处反射
系数和透射系
数的仿真模型

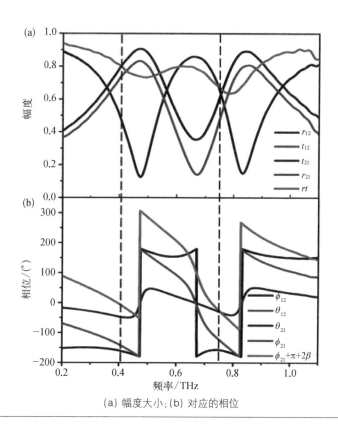

图 6-19
仿真得到的反
射系数和透射
系数的幅度和
相位（图中虚
线表示吸收峰
的位置）

(a) 幅度大小；(b) 对应的相位

要得到 THz 辐射波从聚酰亚胺薄膜入射到底层金属时的反射幅度和相位 r_{23}、ϕ_{23}，需要将上层的金属结构撤掉，激励端口设置在聚酰亚胺薄膜的上边缘处，参考面设置在聚酰亚胺与底层金属的分界面处，接收端口设置在底层金属处，这样就模拟了 THz 波从聚酰亚胺介质入射至底层金属时的反射特性。

将仿真得到的反射系数和透射系数代入式(6-23)，利用数学软件 MATLAB 对数据进行处理和运算，即可得到吸收器的反射系数 $\tilde{r}$，再根据公式 $A(\omega) = 1 - |\tilde{r}^2|$ 就能算得吸收率 $A(\omega)$。计算的反射率和吸收率如图6-20所示，黑色虚线代表反射率，红色实线代表吸收率。从图中可以观察到，在 0.41 THz 和 0.75 THz 处，吸收器的吸收率达到最大值，与图6-14的仿真结果相比，吸收峰以及相应的吸收率可以近似看作完全相同，再次完美地证明了此结构的吸收器具有两个高吸收率的吸收峰，同时也充分说明了相消干涉理论的正确性和合理性。

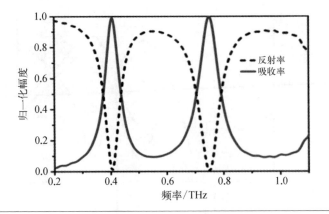

图 6 - 20
理论计算得到
的双波段吸收
器的吸收率
(红色实线)和
反射率(黑色
虚线)

从图 6 - 20 和式(6 - 23)可以看出,要实现完美吸收必须在同一个频点同时满足幅度和相位两个条件:

(i) $|\tilde{r}_{12}| - |\tilde{r}_{12}\tilde{r}_{21} - \tilde{t}_{12}\tilde{t}_{21}| \approx 0$;

(ii) $\phi_{21} + \pi + 2\beta \approx 2m\pi$, m 为整数,

多重反射的叠加才会出现相消干涉,导致反射接近于零。如图 6 - 19(a)所示,$\tilde{r}_{12}$ 的幅度大小(黑色曲线)与 $\tilde{r}_{12}\tilde{r}_{21} - \tilde{t}_{12}\tilde{t}_{21}$ 的幅度大小(绿色曲线)在虚线所代表的吸收峰附近相交,条件(i)得到满足;图 6 - 19(b)中绿色曲线在两个吸收频点上都接近零,即 2π 的整数倍,满足条件(ii),所以该吸收器在这两个频点处实现了完美吸收。

下面我们主要就介质层的厚度、入射角度以及弯曲面几个方面讨论其对双波段吸收器的吸收性能的影响。

1. 介质层的厚度对吸收性能的影响

在不改变吸收器上层结构尺寸的情况下,研究介质层即聚酰亚胺薄膜的厚度 t 对吸收器吸收性能的影响,不同厚度下的吸收曲线如图 6 - 21 所示。从图中可以看出,随着聚酰亚胺薄膜的厚度 t 的逐渐增加,两个吸收峰的吸收率逐渐增大,吸收频率红移;当厚度达到 25 μm 时,吸收器的吸收率在 0.41 THz 和 0.75 THz 处同时达到最大;而当厚度继续增大时,吸收率将会逐渐下降,吸收频率也会继续红移,由此可以看出,聚酰亚胺薄膜的最佳厚度是 25 μm。这是因为一旦聚酰亚胺薄膜的厚度偏离了最佳值（即 25 μm），吸收器将不能够满足上面讨论的幅度和相位两个条件，从而使得在空气-介质分界面上的多次反射叠加的电磁波只有部分可以相消干涉，甚至有的将会相互加强，产生较强的反射，吸收频点也会随之改变。因此，介质层厚度 t 是影响超材料吸收器吸收性能的一个重要参数。

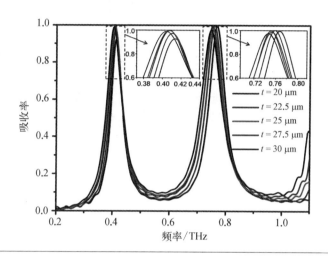

图 6 - 21

不同介质层厚度所对应的吸收器的吸收率（插图为吸收峰附近的吸收分布）

2. 入射角度对吸收性能的影响

下面进一步仿真了该双波段吸收器分别在 TE 模式和 TM 模式下的斜入射情况。图 6 - 22(a)是 TE 波入射时双波段吸收器的吸收率随着入射角度变化的曲线，图 6 - 22(b)是 TM 波入射时双波段吸收器的吸收率随着入射角度变化的曲线。对于 TE 波激励的入射，两个吸收峰的吸收率随着入射角的增大都稍有降低，但在 0°～45°依然保持高于 90% 的吸收率，当入射角度大于 45°时，吸收率下降得比较严重，甚至在入射角度达到 70°时，吸收率下降到 60% 左右。这是因为斜入射时，入射到吸收器表面的有效电场分量比正入射时少，导致电谐振和磁谐振的强度低于正入射的情况，使其不再满足幅度和相位两个条件，因而吸收率会有所降低。

在 TM 波激励入射的情况下，随着入射角度的增大，吸收率没有明显变化，均高于 95%，只有吸收频率有所偏移，尤其是高频吸收峰产生了约 38 GHz 的红移。这是因为 TM 波入射时,在空气-介质和介质-金属底板两个分界面处的反射系数和透射系数对入射角度敏感度不高。结果表明此吸收器在一定入射角度范围内具有很好的吸收性能。

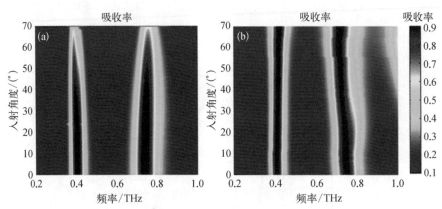

(a) TE 波入射时双波段吸收器的吸收率随着入射角度变化的曲线;(b) TM 波入射时双波段吸收器的吸收率随着入射角度变化的曲线

图 6-22

3. 弯曲面对吸收性能的影响

为了仿真弯曲的吸收器的吸收情况,我们将所设计的吸收器弯曲成一个曲率半径约为 5.5 mm 的曲面,谐振环结构在曲面的外侧,TE 波和 TM 波入射情况下的仿真结果如图 6-23(a)(b)所示,结果显示二维平面结构和三维曲面结构的吸收性能几乎完全相同。当一束电磁波入射到弯曲的吸收器的表面时,因为吸收器结构的周期是微米量级,所以将每个单元都看作是平面的,每个单元上的入射角度都可看作是相同的,而不同的单元具有不同的入射角度,只有吸收器正中间的单元表现为正入射,其他区域都是斜入射,并且上面已经详细分析过该吸收器在 TE 和 TM 两种电磁波斜入射下都具有很高的吸收率,因此曲面吸收器的大部分单元的吸收率都高于 90%,这些结果表明这种超材料吸收器适用于弯曲面的应用。

按照上面详述的制备流程我们成功制备了双波段吸收器,样品总的尺寸是 15 mm×15 mm,其电子显微镜图片如图 6-24(a)所示。从图中可以看出,吸收器样品图案清晰,结构完整,尺寸均匀,没有出现毛刺或者断开等现象。而且在显微镜下测量的尺寸与理论设计的尺寸非常接近,差异很小,实际的吸收效果还

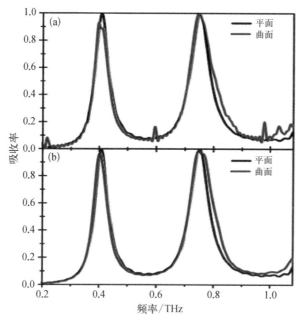

(a) TE 波入射时平面吸收器和曲面吸收器的吸收率的仿真结果;(b) TM 波入射时平面吸收器和曲面吸收器的吸收率的仿真结果

图 6 - 23

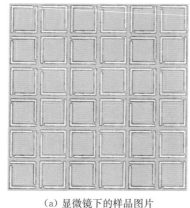

(a) 显微镜下的样品图片　　　　　　(b) 聚酰亚胺薄膜弯曲照片

图 6 - 24
波段吸收器
实物样品图

有待进一步测量分析。图 6 - 24(b)是聚酰亚胺薄膜弯曲照片。

利用 THz - TDS 的反射式测试样品,在干燥空气中以光滑的无结构的金属板作为参考信号,测得如图 6 - 25 所示的结果,黑色虚线是所测试的反射率,红色实线是所测吸收器的吸收率。实验证明了此吸收器在 0.41 THz 和 0.75 THz

处有两个明显的吸收峰,吸收率分别为 92.2％ 和 97.4％。图 6-26 是实验测试、模拟仿真和理论计算的吸收率的对比图,由此看出,这三个结果吻合得非常好,只是实验测试的吸收率相较于模拟仿真和理论计算有轻微下降而且吸收谱的频宽也比其他两个吸收谱宽,这主要是由样品加工误差以及实验中所用的聚酰亚胺介质的介电常数和正切损耗与仿真的差异所导致的。

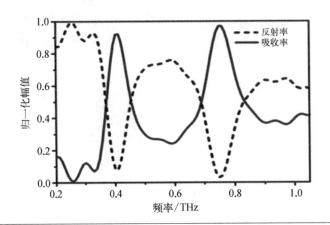

图 6-25
样品测试结
曲线

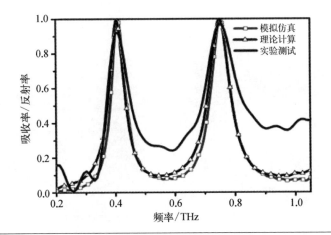

图 6-26
实验测试、
拟仿真和理
计算的吸收
的对比图

我们进一步测试了曲面吸收器的吸收性能,将图 6-24 中的吸收器样品紧贴在一个半径是 5.5 mm 的圆柱上,电磁波从上入射到双波段吸收器表面,其测试结果如图 6-27 所示。与图 6-23 的仿真结果相比,两者吻合得非常好,再次证明了该吸收器非常适合非平面的应用。

本节主要介绍了基于双开口谐振环的双波段超材料吸收器的实验制备和

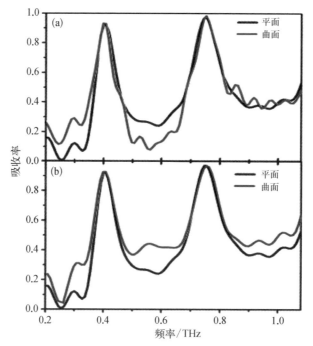

（a）TE 波入射时平面吸收器和曲面吸收器的吸收率的测试结果；（b）TM 波入射时平面吸收器和曲面吸收器的吸收率的测试结果

测试方法，实验结果正确可信，再次表明该吸收器在 0.41 THz 和 0.75 THz 处有两个明显的吸收峰，且测得的吸收率分别为 92.2% 和 97.4%，还测试了将该柔性吸收器弯曲成一定曲面时的吸收情况，测试结果显示弯曲后的吸收器依然具有高吸收的工作性能，为 RCS、微型辐射热测量仪、隐身等应用提供了有力证据。

6.4　小结

随着 THz 技术的普及，可以预见 THz 等离子体超表面器件必将在 THz 波偏振转换器、吸收器件等方面广泛应用。THz 等离子体超表面器件的发展也正朝着多功能、宽频谱、更轻薄方向发展。本章通过两个例子演示了如何利用表面等离激元超表面设计 THz 波偏振转换器和吸收器件。当然，由于 THz 表面等离激元超表面结构是国际上研究的热点问题,本章仅起到抛砖引玉的作用。可以想象,在不久的将来,使用全新的设计思路的 THz 等离子体超表面器件将具有尺寸更小、频谱更宽、功能更加多样、性能更加优良、体积更加轻便等优点。

7

基于太赫兹表面等离激元的近场超分辨技术

7.1 引言

近年来太赫兹高分辨分像引起了人们的广泛关注。1 THz,其波长在 300 μm 数量级,因此太赫兹远场成像系统的分辨率也在亚毫米数量级。对于某些需要测量的结构而言,这一分辨率显然太低了。比如,生物细胞一般在微米或亚微米尺度,半导体微结构的尺度也是在微米甚至纳米数量级。如果利用太赫兹光谱对生物大分子振动的响应来研究生物细胞内部反应,或者利用太赫兹辐射对自由载流子的响应来研究半导体微结构的工作过程,就需要使太赫兹光谱成像的分辨率突破其波长限制达到亚微米或纳米尺度。这就要求成像系统的分辨率突破衍射极限的限制。如何突破衍射极限,实现超分辨率成像和亚波长超聚焦成为该领域科研工作者们为之奋斗和不断追求的目标。Hunsche 等于 1998 年首次提出的太赫兹近场成像技术,利用近场技术手段可以进一步提高太赫兹成像的分辨率(微米量级)。目前太赫兹近场成像技术主要有基于亚波长孔径(探针)的近场成像和基于高度聚焦光束的近场成像两种。第一种近场激发模式是当一束光经过一个亚波长孔径(针孔、被细化的光纤或波导尖端)后产生倏逝波。成像的物体被放置于亚波长孔径的近场区域,其细微的结构会散射亚波长孔径产生的倏逝波,然后被位于远场位置的探测器件接收。例如,利用具有微纳尺寸的探针和局域电磁辐射相互作用的无孔径太赫兹近场成像技术被用来更好地提高近场成像的空间分辨率。太赫兹光束被聚焦到样品表面上,部分入射的太赫兹光束经过样品被散射后,被探针和表面的系统所吸收,传播的太赫兹辐射波则会被光电采样处理。第二种近场探测模式与近场激发模式不同,它是一束光直接入射到所要成像物体的表面上。所搭载成像物体细微结构信息的倏逝波成分,被散射到处于近场区域的探测器件,并被探测,或者被处于近场区域的光孔耦合到远场区域再探测。这方面的研究起源于 2000 年 J. B. Pendry 提出的"完美透镜"理论,开辟了超分辨完美成像的新道路。利用具有负介电常数或者负磁导率的薄银板、SiC 薄膜、超材料(Metamaterials)、光子晶体(Photonic Crystal)制作出的超透镜(Superlens)，可以实现在近场区域的倏逝波放大，使得倏逝波参与成像，成功突破衍射极限，获得超分辨成像。而远场超分辨成像技术可以使倏逝波转换成传播波到达远场区域。典型的能够实现远场超分辨成像的器件有远场超透镜(Far-field Superlens，FSL)和双曲透镜(Hyperlens)。本章以螺旋线阵列等离激元棱镜和近场散射显微技术为例，详述这两种利用表面等离激元实现突破衍射极限的太赫兹近场和远场成像技术。

7.2 基于螺旋线阵列等离激元的超分辨聚焦

7.2.1 螺旋线阵列等离子体透镜

螺旋线形等离子体透镜(Spiral Plasmonic Lens，SPL)是一类具有手性相关的等离子体透镜(Plasmonic Lens，PL)。在选择线性偏振光入射时，其可以消除环形 PL 的缺陷，在中心产生一个聚焦。在不同偏振态的圆偏振光照射下，可以产生随着手性或者不同的入射偏振态变化的聚焦或者发散的现象。

1. 线性偏振光入射

一个单匝右手的螺旋线形 PL，其结构是在一个金属薄膜上加工一个螺旋线形的缝隙，如图 7-1 所示。在笛卡儿坐标下，它的右手螺旋线缝隙的结构可以表示为

$$r = r_0 + \frac{\Lambda}{2\pi}\varphi \qquad (7-1)$$

式中，r_0 为初始半径常数；Λ 的数值为表面等离子体波长 λ_{SPP}。

当我们使用一个线性偏振光从 PL 的入射端照射后，入射光透过螺旋线形缝隙激励 SPPs，则圆周相对的两点(例如 B、D)所产生的 SPPs 向中心传播。由于缝隙的结构被设计为阿基米德螺旋线形，我们可以发现像图 7-1 中 A 和 C、B 和 D 这样的相对点，它们的光程差都是 $r_2 - r_0 = r_3 - r_1 = 0.5\lambda_{spp}$，因此每两个

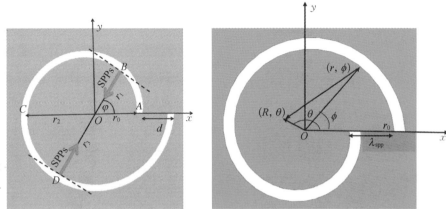

图 7 - 1
单匝右手和左
手螺旋线形 PL
结构示意图

相对点激励的 SPPs 传播到中心位置的相位差为 π, 从而导致在中心位置干涉相长。正因为这样的结构特点, 偏振方向为任何方向的线性偏振光, 圆周上每两个相对点的光程差都为 $0.5\lambda_{SPP}$, 传播到中心位置的 SPPs 相位差都为 π, 都可以产生干涉相长。右手螺旋线形 PL 在不同线性偏振光照射下的 FDTD 仿真结果如图 7 - 2(a)(c)(d)所示, 图(b)为图(a)中白色虚线所在不同位置的电场分布。

2. 圆偏振光入射

SPL 可以解决环形 PL 在线性偏振光照射下中心产生旁瓣的问题, 同时 SPL 也可以在不同偏振态的圆偏振光下照射产生聚焦或者发散的现象。这个过程我们可以进行简单解释, 在笛卡儿坐标系中, 如图 7 - 1 所示, 一个左手 SPL 可以表示为

$$r = r_0 - \frac{\Lambda}{2\pi}\phi \qquad (7 - 2)$$

式中, r_0 为初始半径常数; Λ 的数值为表面等离子体波长 λ_{SPP}。这里我们考虑一个右旋圆偏振光入射, 一个右旋圆偏振光源可以表示为

$$E_{RHC} = \frac{1}{\sqrt{2}}(e_x + ie_y) = \frac{1}{\sqrt{2}}e^{i\phi}(e_r + ie_\phi) \qquad (7 - 3)$$

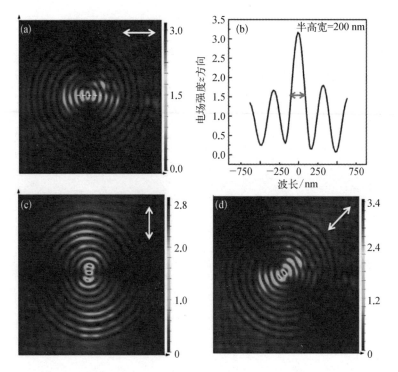

(a)(c)(d) 右手螺旋线形 PL 在不同线性偏振光照射下的 FDTD 仿真结果；(b) 图(a)中白色
虚线所在不同位置的电场分布

图 7 - 2

式中，$e^{i\phi}$ 为几何相位。对于一个很窄的缝隙可以耦合和激励 SPPs。在观察点
(R, θ) 的等离子体场可以表示为

$$dE_{\text{SPP}} = e_z E_{0z} e^{i\phi} e^{-k_z z} e^{ik_r \cdot (Re_R - re_r)} r d\phi \qquad (7-4)$$

将式(7-4)代入，因此在观察点的等离子体场为

$$\begin{aligned}
E_{\text{SPP}}(R, \theta) &= \int dE_{\text{SPP}} = e_z \int E_{0z} e^{i\phi} e^{-k_z z} e^{ik_r \cdot (Re_R - re_r)} r d\phi \\
&= e_z E_{0z} e^{-k_z z} \int e^{i\phi} e^{iRk_r \cdot e_R} e^{-i(r_0 - \phi \Lambda/2\pi)k_r \cdot e_r} (r_0 - \phi \Lambda/2\pi) d\phi
\end{aligned} \qquad (7-5)$$

忽略 SPPs 的传播损耗，例如 $\text{Im}(k_r) \approx 0$，则有

$$E_{\text{SPP}}(R, \theta) = e_z E_{0z} e^{-k_z z} \int e^{i\phi} e^{iRk_r \cdot e_R} e^{ik_r r_0} e^{-i\phi} \times (r_0 - \phi \Lambda/2\pi) d\phi$$

$$= e_z E_{0z} \, \mathrm{e}^{-k_z z} \, \mathrm{e}^{\mathrm{i}k_r r_0} \int \mathrm{e}^{\mathrm{i}Rk_r \cdot e_R} \, (r_0 - \phi \Lambda / 2\pi) \mathrm{d}\phi$$

$$\approx e_z E_{0z} \, \mathrm{e}^{-k_z z} \, \mathrm{e}^{\mathrm{i}k_r r_0} \int \mathrm{e}^{\mathrm{i}Rk_r \cos(\theta - \phi)} r_0 \mathrm{d}\phi$$

$$= e_z 2\pi E_{0z} r_0 \, \mathrm{e}^{-k_z z} \, \mathrm{e}^{\mathrm{i}k_r r_0} J_0(k_r R) \qquad\qquad (7-6)$$

从式(7-6)我们可以看出,一个左手 SPL 可以将一束右旋圆偏振光聚焦成零阶贝塞尔函数形式的倏逝波光束。同时也表明更大的尺寸半径 r_0 能够增大更强的聚焦点的电场强度。但是,实际上 SPPs 在表面传播过程中是存在损耗的,因此并不是 r_0 越大越好。类似地,对于一个左旋圆偏振光,靠近 SPL 的几何中心等离子体场可以计算为

$$E_{\mathrm{SPP}}(R, \theta) = e_z 2\pi E_{0z} r_0 \, \mathrm{e}^{-k_z z} \, \mathrm{e}^{\mathrm{i}k_r r_0} \, \mathrm{e}^{2\mathrm{i}\theta} J_2(k_r R) \qquad\qquad (7-7)$$

该公式可以体现在中心位置会形成一个暗斑,如图 7-3 所示。

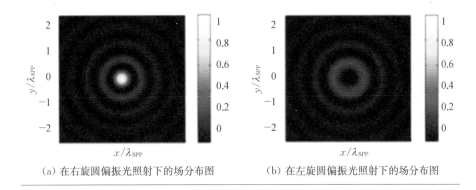

图 7-3   (a) 在右旋圆偏振光照射下的场分布图   (b) 在左旋圆偏振光照射下的场分布图

7.2.2   偏振性设计

我们知道光可以被转换为金属表面传播的表面电磁波,这就是 SPPs。这个过程一直面临着调控耦合效率和传播方向的困难。通过在金属薄膜上刻有设计的亚波长阵列实现通过偏振态对 SPPs 的传播方向和耦合效率的调控,如图 7-4 所示。

当左旋和右旋两种不同的偏振态的圆偏振光照射这样的结构时,在另一端,我们可以看到激励的 SPPs 呈现相反的传播方向,如图 7-5 所示。

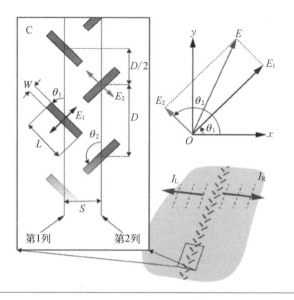

图 7 - 4
在金属板上的
T 形孔径阵列

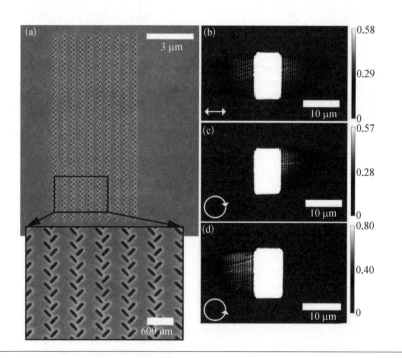

图 7 - 5
不同偏振态的
圆偏振光照射
孔径阵列时的
场分布

我们可以将这样的结构弯曲成环状或者螺旋状,从而实现将 SPPs 完全汇聚或者发散,提高 SPPs 的耦合效率和聚焦强度,如图 7 - 6 所示。

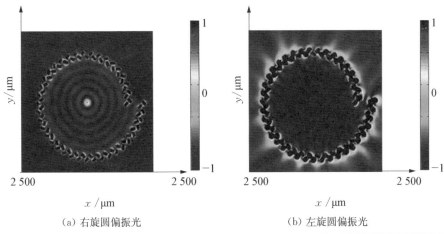

(a) 右旋圆偏振光　　　　　　　　(b) 左旋圆偏振光

7.2.3　基于螺旋线阵列的高强度超聚焦等离子体棱镜设计

前面提出的螺旋线形等离子体透镜,都是在金属膜上刻有螺旋线形的缝隙。虽然它们可以实现线偏振光或者圆偏振光的聚焦效果,但是并不意味着聚焦强度都十分低,并且不能实现可调控。基于 SPL 我们提出了一种改进方案,具体设计出一种不但可以突破衍射极限而且拥有高强度的聚焦点的太赫兹超聚焦棱镜。

1. 结构设计

图 7 - 7 为我们设计的基于螺旋线阵列的等离子体透镜装置结构示意图。该装置由两部分组成,第一部分是在一层厚度为 $500~\mu m$ 的金属膜上刻蚀的由两个相互垂直的矩形缝隙按阿基米德螺旋线轨迹排列而成的螺旋孔径阵列。阵列的轨迹线为

$$r' = R_0 + \frac{\Delta}{2\pi}\theta \tag{7-8}$$

式中,R_0 是初始半径;Δ 是表面等离子体波长 λ_{SPP};θ 为极角。其中,阿基米德螺

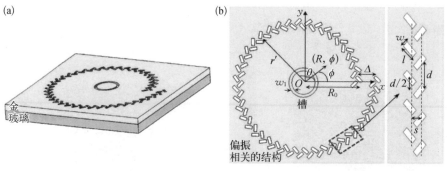

图 7-7
我们设计的基于螺旋线阵列的等离子体透镜装置结构示意图

旋线一圈的角度,即 θ 的变化为 2π。

第二部分是在金属膜中心位置刻蚀的一个半径 r 为 $200\ \mu m$、深度 h 为 $100\ \mu m$ 的圆环浅槽。其他的结构参数为 $R_0 = 1\,800\ \mu m$,$\Delta = 648.8$,$w = 100\ \mu m$,$l = 260\ \mu m$,$d = 315\ \mu m$,$s = 157\ \mu m$。

2. 圆槽尺寸的设计

SPL 是通过改变中心的同心圆槽来实现聚焦点的调控的。首先,同心圆槽的半径 r 可以对聚焦点的位置进行调节,随着同心圆槽半径的不断增加,聚焦点的位置也不断地远离器件的表面(图 7-8)。但是这同时也会影响聚焦点的半高宽,它会随着 r 的不断增加而不断变大。其次,同心圆槽的深度 h 会对聚焦点的强度有一个周期性的影响(图 7-9)。

因此,通过参数扫描的方法,为了得到效果最好的超聚焦效应,我们设计的 SPL 的中心浅槽半径为 $200\ \mu m$。但是为了方便在实际实验时的测量,我们设计的中心浅槽的半径为 $800\ \mu m$。

3. 工作原理

我们设计的 SPL 的工作原理分为两部分(图 7-10):第一部分是螺旋线阵列的汇聚原理。当我们选用偏振态为右旋的圆偏振光从装置的底端入射时,在出射端,表面等离子体波由缝隙边缘激励产生,并且由于该结构具有偏振相关性,使产生的表面等离子体波以高强度驻波的形式沿着金属表面向中

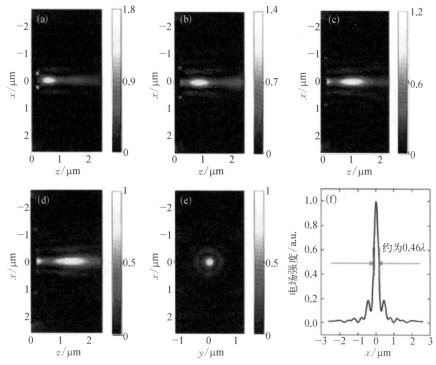

图7-8
同心圆槽的半
径对聚焦点位
置的影响

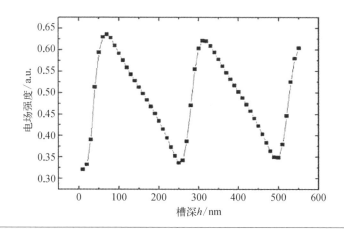

图7-9
同心圆槽的深
度对聚焦点强
度的影响

心方向汇聚。第二部分是超聚焦的实现原理。设计在中心的浅槽结构使得沿表面传播的表面等离子体波可以有效地向自由空间散射出去。由于在浅槽不同位置散射出去的传播波同相位,使得传播波在光轴方向上干涉增强,从而在出射端远处形成一个明亮的聚焦点,实现高强度的超聚焦效应。

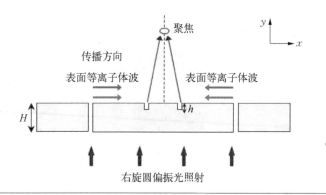

图 7 - 10
我们设计的
SPL 的工作原
理示意图

7.2.4 基于螺旋线形高强度太赫兹超聚焦棱镜的仿真与实验

通过 FDTD 法来进行数值仿真,以证明设计的结构可以实现一个高效的超聚焦功能。我们在数值仿真中,选择金作为金属材料。金属金在太赫兹波段的光学特性可以利用一个 Drude 模型来进行表征,具体参数见上一小节。

下面是一个单匝情况下的仿真。仿真结果显示,可以获得一个半高宽仅为 0.38λ 的超聚焦点(图 7 - 11)。焦点的位置距离 SPL 表面 623 μm。

我们将单匝 SPL 与螺旋线缝隙 PL 的聚焦在不同偏振态的入射光照射下进行了对比,可以得到我们设计的 SPL 具有更高的聚焦强度。仿真时,我们保持各个参数都相同,以保证结果的可信度。在相同的工作波长时,使用右旋圆偏振光和线偏振光分别通过我们设计的 SPL 和传统 SPL,将所获得的聚焦强度进行对比。通过计算可以得出,我们设计的 SPL 聚焦强度提高了近 4 倍,从而成功地实现了高效超聚焦的效应(图 7 - 12)。

此外,可以通过增加匝数的方式,使聚焦强度可以根据不同的匝数变化进行调控。通过仿真证明,增加匝数的个数,可以使得聚焦强度不断增强。虽然随着匝数的增加,聚焦强度可以不断增强,但是这并不是意味着匝数一直增加,强度可以一直增强。我们发现当匝数增加到第 7 匝时,出现了一个强度的最大值,从第 8 匝开始,强度开始下降,这是由于 SPPs 在金属表面传播时,随着距离的不断增加会出现损耗(图 7 - 13)。

我们通过实验验证了 SPL 实现超聚焦效应的可行性,搭建了基于近场探

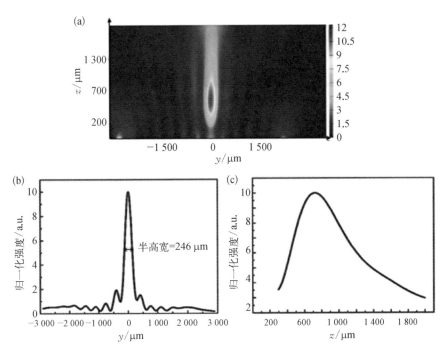

（a）右旋圆偏振光经过装置在 $x-z$ 截面的聚焦强度分布图；（b）（c）距离 SPL 表面 623 μm 的焦点处的电场强度沿 y 方向和 z 方向的分布图，半高宽为 0.38λ

图 7-11

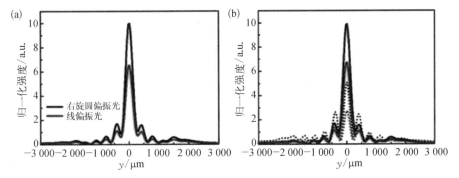

（a）我们设计的 SPL 与螺旋线缝隙 PL 的聚焦强度对比；（b）我们设计的 SPL 与传统 SPL 在线偏振光和右旋圆偏振光两种入射光下的聚焦强度对比

图 7-12

针测量的时域光谱系统。近场探针是一种微型的光导天线，针尖尺寸为 20 μm，用于测量近场范围内微米大小区域的电磁场能量，扫描探针获取近场电磁场分布。

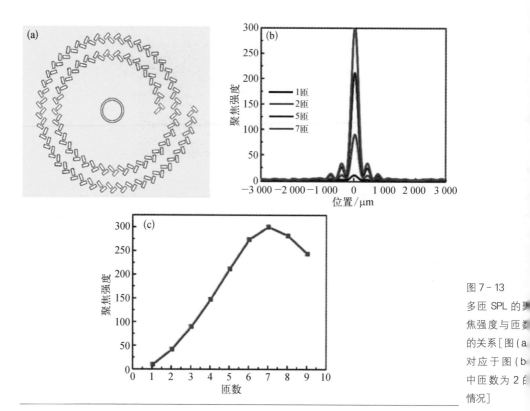

图 7-13
多匝 SPL 的聚
焦强度与匝数
的关系[图(a)
对应于图(b)
中匝数为 2 的
情况]

大赫兹近场扫描系统光路如图 7-14 所示。激光器发出飞秒脉冲激光,通过分束片后分成探测光和泵浦光。探测光耦合进入光纤,从光纤另一头出射聚焦到探针针尖,光纤一头与探针固定在同一平台同时移动;泵浦光聚焦到 THz

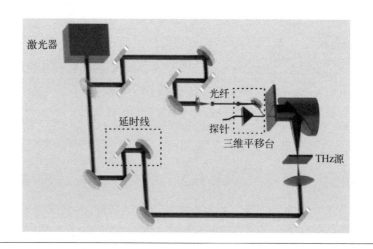

图 7-14
太赫兹近场扫
描系统光路示
意图

源上,产生太赫兹信号,反射到抛物面镜上准直为平行光,辐射至样品上。最终,探测光与 THz 信号同时到达探针针尖,探测太赫兹信号。

太赫兹源发射的是线偏振光,通过旋转 1/4 波片来改变入射光的偏振态。当入射光偏振方向与 1/4 波片分别成 $-45°$、$-22.5°$、$0°$、$22.5°$、$45°$时,偏振态变成左旋圆偏、左旋椭偏、线偏、右旋椭偏、右旋圆偏,其在 x-z 平面内能量分布的仿真结果和实验结果如图 7-15 所示。从左旋圆偏光到右旋圆偏光,焦点的能量从无到有逐渐增强。仿真结果与实验结果相比较,光斑形状以及能量分布基本一致,这证明了通过调控入射光的偏振态,达到了使聚焦光斑连续可调的效果。

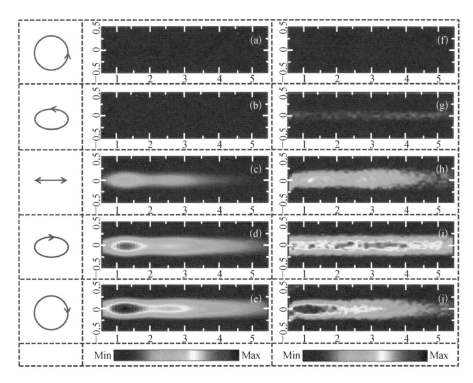

图 7-15

x-z 平面内能量分布的仿真结果和实验结果,仿真结果:左旋圆偏(a)、左旋椭偏(b)、线偏(c)、右旋椭偏(d)、右旋圆偏(e),实验结果:左旋圆偏(f)、左旋椭偏(g)、线偏(h)、右旋椭偏(i)、右旋圆偏(j)

为了进一步查看聚焦光斑尺寸大小是否突破衍射极限,提取了经过焦点沿 x 轴、y 轴方向的能量分布。图 7-16 为沿 x 轴方向和 y 轴方向焦点的能量分布的仿真结果和实验结果,半高宽大小依次为 $339\ \mu m$[图 7-16(a)]、$335\ \mu m$

[图 7 - 16(b)]、337 μm[图 7 - 16(c)]、325 μm[图 7 - 16(d)],入射太赫兹波的波长为 880 μm,对应的聚焦光斑的能量半高宽为 0.385λ、0.381λ、0.383λ、0.358λ,半高宽比都在 0.38λ 附近,突破了衍射极限。这种超聚焦效应可用于超分辨成像的研究。

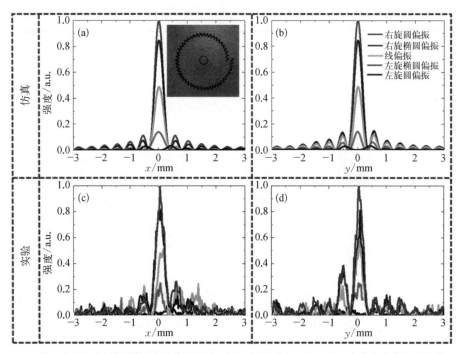

沿 x 轴方向焦点的能量分布的仿真结果(a)和实验结果(c),沿 y 轴方向焦点的能量分布的仿真结果(b)和实验结果(d)

图 7 - 16

综上所述,由于传统的实现超聚焦的等离子体透镜存在设计复杂、透射率低、聚焦效率低的缺陷,抑制了太赫兹超聚焦透镜的发展。本节结合一种具体的太赫兹超聚焦透镜,对它们的整个设计、原理、模拟、分析和验证都进行了细致的阐述,这也对设计其他太赫兹超聚焦透镜具有积极促进作用。

7.3 太赫兹散射式近场扫描显微成像技术(THz s - SNOM)

7.3.1 s - SNOM 系统及其工作原理

s - SNOM 利用探针的近场散射实现超分辨成像。s - SNOM 系统的光路架构主要有两种：侧向照明-背向收集散射信号型和透射照明-侧面收集型，如图7-17所示。其中原子力显微镜(AFM)用来控制探针振动、针尖-样品距离和扫描样品。AFM利用自带的激光源和四象限探测器构成光杠杆，通过测量四象限探测器上激光光斑位置的变化来检测样品表面的起伏，从而反馈到压电扫描管上，实现针尖-样品距离的高精度控制。

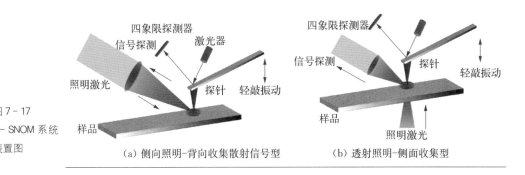

图7-17
-SNOM系统
装置图

(a) 侧向照明-背向收集散射信号型　　　　(b) 透射照明-侧面收集型

s-SNOM系统的成像过程可以简单表述为，外部照明激光聚焦到探针针尖上，在针尖周围产生增强的局域场，并与针尖下方物质发生近场耦合，进而被散射到远场；从针尖散射的信号被探测器接收，然后输入锁相放大器，通过信号解调可从散射信号中提取样品表面的近场信号；AFM的扫描管带动样品进行二维扫描，实现近场显微成像功能。

当光波入射到具有精细结构的样品表面时会形成传播场和不可传播场，其中传播场即是常说的远场，由于光学衍射极限的存在，远场的显微分辨率最高只能约为入射光波长的一半。而不可传播场即近场(又称为隐失波或表面波)，包含着物质表面的精细结构信息，被束缚在物质的表面，无法在远场收集。当散射式纳米探针靠近样品表面时，由于近场耦合作用，样品表面的近场被转化为传播场，散射到远场被探测器收集。由于近场散射信号含有靠近针尖区域的物质信息，通过对样品进行二维扫描，收集不同位置处的近场光学信号，即可获得物质表面的精细结构，实现超高分辨纳米光学成像。

7.3.2　偶极子理论模型及计算

s-SNOM相关的理论研究主要关注入射光波与探针和被测物质的近场耦

合与散射,其中的一个重点是针尖的散射增强效应。针尖的局域场增强过程主要有局域场表面等离激元共振效应、避雷针效应、电场梯度效应和镜像偶极子效应。为了便于理解和分析 s - SNOM 系统的工作机理与特点,主要介绍镜像偶极子效应的理论模型。

镜像偶极子理论模型如图 7 - 18 所示。在入射光场的所用下,探针针尖的局域场限制在针尖和样品的间隙处,产生显著的增强效应。为了更加直观地分析针尖与样品的近场耦合和散射增强效应,将探针针尖简化为一个偶极子。针尖与样品产生的耦合,可

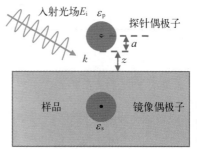

图 7 - 18 镜像偶极子理论模型

以看作是探针偶极子在样品中诱导产生了一个镜像偶极子。设探针针尖的曲率半径为 a,介电常数为 ε_t,样品的介电常数为 ε_s,只考虑垂直于样品表面的入射光电场分量,则探针的极化率 α_t 为

$$\alpha_t = 4\pi a^3 \frac{\varepsilon_t - 1}{\varepsilon_t + 2} \tag{7-9}$$

样品的极化率 α_s 为

$$\alpha_s = \frac{\varepsilon_s - 1}{\varepsilon_s + 1} \tag{7-10}$$

考虑到镜像偶极子与探针偶极子的近场耦合作用,修正后的探针极化偶极矩为

$$p_t = \alpha_t \left(E_i + \frac{p'}{16\pi r^3} \right) \tag{7-11}$$

式中,$r = a + z$;$p' = \alpha_s p$,$p = \alpha_t E_i$。 由于耦合系统的总电场是探针偶极子和镜像偶极子电场的叠加,因此耦合系统的有效极化率为

$$\alpha_{\text{eff}} = \frac{\alpha_t (1 + \alpha_s)}{1 - \dfrac{\alpha_t \alpha_s}{16\pi (z + a)^3}} \tag{7-12}$$

从公式(7 - 12)可以看出,当针尖靠近样品表面时,在入射光场作用下,整个

耦合系统的有效极化率受针尖-样品系统之间距离 z 和针尖曲率半径 a 的影响。通常在有样品的情况下，局域场增强效果会更加明显，这种增强效应使得局域电场的分布集中在针尖与样品的间隙处，由于针尖曲率半径可以做到纳米量级，因此通过采用更细的针尖可以实现更高的空间光谱分辨率。

为了获得纳米量级的分辨率，探针针尖的曲率半径一般会远小于入射光波长，因此可采用 Mie 散射理论计算探针针尖的散射截面：

$$S = \frac{k^4 \alpha_t^2}{6\pi} \tag{7-13}$$

在 s-SNOM 系统中，当外部激光聚焦入射到针尖位置时，由于聚焦光斑相对于针尖曲率半径来说要大得多，聚焦光斑中有很大一部分光打在探针轴和样品表面上，因此探测器收集到的信号不仅包括从针尖散射的近场信号，也包括从样品表面和探针轴散射的远场背景信号。由于远场背景信号中不包含样品的近场光学信息，而且此信号强度远远大于近场散射信号，因此直接利用散射信号扫描成像很难提取样品表面的光学信息。为了减少远场背景信号的干扰，s-SNOM 系统中的 AFM 工作在轻敲模式下。在轻敲模式下，探针间歇式地靠近和远离样品，设此轻敲频率为 Ω，则从针尖散射的信号和探针轴表面散射的信号同时被调制，而从样品表面散射的信号调制较少，采用这种方法可以有效地减少来自样品表面散射信号的干扰。近场散射信号随着探针-样品之间距离的增大呈非线性的快速衰减，而来自探针轴散射的背景信号则与探针-样品之间的距离呈线性关系。对探测器收集到的散射信号进行傅里叶级数展开，其零阶直流分量中绝大部分是背景信号，一阶分量中既有近场信号又有背景信号，而在高阶分量中背景信号已消除，因此采用高阶解调的方法，可以有效压制背景信号，提取所需的近场信号。使用 MATLAB 计算高阶解调信号随探针-样品之间距离增大时的变化曲线，结果如图 7-19 所示。

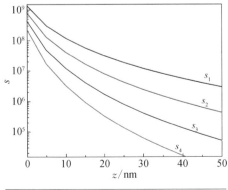

图 7-19 阶解调信号探针-样品间距离增大的变化曲线

从图 7 - 19 可以看出,随着解调阶次的增加,近场散射信号强度逐渐变小,背景信号抑制效果变好,系统成像的分辨率也越来越高。因此为了提取散射信号中的近场信号,同时获得较好的信噪比,当照明光源在可见光波段时,一般采用三阶解调的方式。

7.3.3　s - SNOM 系统及其成像特性研究

s - SNOM 系统和孔径式近场扫描光学显微镜一样,均可以实现超高分辨成像。与孔径式近场扫描光学显微镜不同的是,s - SNOM 系统采用的是散射式纳米级针尖,其分辨率可以更高,而且其在近场扫描成像时不会出现波导截止效应,适用于可见光-红外-太赫兹宽波段。因此在纳米光谱研究领域,s - SNOM 系统比孔径式近场扫描光学显微镜更有优势。

s - SNOM 系统采用的是散射型探针,其光路部分处于自由空间中,为了提高近场信号的信噪比,需要对入射激光紧聚焦和精准定位来提高有效激发功率。由于散射信号中的近场信号太过微弱,采用常规探测器直接测量很难有效提取样品表面的近场信号。为了提取真实的近场信号,常使用锁相放大器等仪器抑制噪声。s - SNOM 系统主要包括三个模块,即原子力纳米扫描模块、光路模块和信号解调与处理模块。

原子力纳米扫描模块是整个 s - SNOM 系统中的机械控制部分,其主要作用是实现针尖和样品台间距的纳米级精度控制,其核心部分是 AFM 的扫描头和探针台,AFM 的工作原理如图 7 - 20 所示。

目前开发的 s - SNOM 系统采用的 AFM 是 Bruker 公司的 Multimode8,其主要的工作方式有三种,即智能模式、轻敲模式和接触模式。

当工作在智能模式时,探针间歇地靠近和远离样品表面,此时探针针尖与样品表面的间距有几纳米。探针针尖与样品表面之间的作用力主要是范德瓦耳斯力,默认情况下采用 2 kHz 频率在整个表面作力曲线,利用峰值力做反馈调节,通过扫描管的移动来保持探针和样品之间的峰值力恒定,从而反映样品表面的形貌。

当工作在接触模式时,探针针尖始终与样品接触,针尖位于悬臂的前端。当

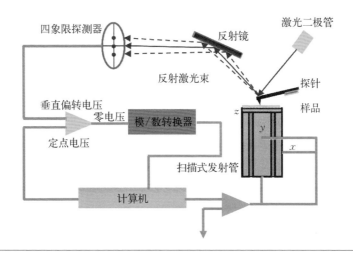

四象限探测器　　　反射镜　　激光二极管

反射激光束　　　　　探针　样品

垂直偏转电压　零电压
定点电压　　模/数转换器　　扫描式发射管
　　　　　　　计算机

图 7 - 20
AFM 的工作原
理图

扫描头扫描样品时,探针针尖与样品表面原子之间的作用力使得悬臂发生弯曲,从而使打在四象限探测器上的激光位置发生偏移,这种偏移以电学的形式被记录下来,通过电学信号处理、图像重建即可实现纳米级形貌成像。

当工作在轻敲模式时,探针夹上的压电陶瓷在探针的共振频率附近振动,驱使探针保持十几纳米的振幅上下振动。当探针靠近样品表面时,探针针尖由于受到范德瓦耳斯力、静电作用力的作用,使得探针的振幅变小,从而使得激光光斑的位置发生偏移,通过测量这种偏移量并实时成像即可反映出样品表面的纳米结构起伏。

在 s - SNOM 系统中,AFM 一般在轻敲模式下工作,也有些文献中搭建的 s - SNOM 系统在智能模式下工作。当 AFM 在轻敲模式下工作时,探针以频率 Ω 对近场散射信号进行调制,通过锁相放大器在 $n\Omega$ 处解调即可压制远场散射背景,提取所需的近场信号。

近场作用区域在距离样品表面一个波长范围内,为了提取近场散射信号,探针必须进入该区域,即常说的隐失场。当入射光波长在可见光波段时,近场作用范围只有几百纳米,为了准确获取近场信号,必须精确控制样品与探针之间的距离在纳米量级,通常探针与样品之间的距离在 10 nm 内。由于近场信号随着探针-样品距离的增加呈指数衰减,为了准确测量近场信号,探针针尖和样品表面的距离必须保持恒定距离,而且在对样品近场扫描成像时,探针必须保持往返扫描,以逐行提取的方式获取近场散射信号。根据样品的大小和测量需求,扫描管一般需要满足几个纳米到几十微米的可调范围。这个过程是一个动态成像过程,因此所有的间距控制必须实时反馈调节,而采用传统高精度控制的方式很难实现纳米级精度控制。

AFM 的纳米扫描的精度主要取决于扫描管。扫描管采用的是压电陶瓷材料,通过特别的结构实现样品台 x、y、z 三轴扫描。其中 x、y 方向分别采用四块压电陶瓷,固定在扫描管的侧面,在扫描管内侧的四块压电陶瓷共电极,在扫描管外侧的四块压电陶瓷电极分别独立控制。当在 x 方向加差分电压时,x 方向上的两块压电陶瓷受电压的作用发生伸长或压缩,从而导致扫描管弯曲,这种弯曲导致样品台发生横向移动,从而实现了纳米级精度横向扫描。同样,通过控制加载在 y 方向上的压电陶瓷上的电压即可控制 y 方向上的扫描。在 z 方向上,通过检测 AFM 四象限探测器上光斑的位置变化,结合压电陶瓷的材料、尺寸、电学参数等相关参数即可计算出加载在 z 方向上电压的大小,通过 PID 反馈控制模块,即可实现 z 方向上的距离控制与扫描。

对于 THz s‑SNOM 系统,为了实现近场扫描成像,需要对探针施加外部太赫兹波。为了提取散射信号中的近场信号,除了太赫兹光斑聚焦得足够小可以实现入射激光与探针的高效耦合外,使用金属探针也可以提高近场散射效率。常用的散射型探针根据材料可分为金属型探针、电介质探针和混合型探针三大类,其中金属型探针一般是在商用的硅探针表面镀上一层 10~20 nm 的金属薄膜,常见的金属膜是金膜、银膜、铝膜和铂膜,这种金属薄膜可以增强近场散射信号,但由于金属材料的原子之间的作用力较强,这种较强的作用力使得原始近场的分布受到干扰,因此探针在近场扫描成像时,在样品的边缘位置处常出现假信号。电介质探针即商用的 AFM 硅探针,其针尖曲率半径目前可以做到 1 nm 左右,近场成像分辨率相对来说可以达到更高。对于混合型探针,在探针的尖端粘上一个金属纳米球,主要应用在矢量场偏振测量应用领域。为了测量近场信号的方便,s‑SNOM 系统一般采用硅针或者镀了金膜或铂膜的探针。

由于聚焦光斑的面积相对探针针尖来说要大得多,因此从针尖散射的信号强度差不多为聚焦光斑光强的万分之一或更小。而从针尖散射的信号向整个半球空间传播,因此从单一方向收集的近场信号更加微弱,直接用探测器收集基本无法探测。为了探测近场散射信号,s-SNOM 系统利用聚焦透镜原路返回的方式收集。当然也可以将聚焦透镜换成离轴抛物面镜,同时实现照明激光的聚焦和近场散射信号的收集提取,采用这种方式搭建系统时,聚焦效果更好,近场收集效率更高。由于抛物面镜的聚焦对入射照明激光的光束质量要求更高,且只有抛物面镜的光轴与入射照明激光的光轴共轴得足够精准,激光才能聚得足够小,难度较大,不易实现,因此目前实验室开发的 s-SNOM 系统还没有采用这种方式,不过由于后期准备将光波段拓宽到太赫兹频段,因此最后还是会考虑抛物面镜聚焦的方式。即使从针尖散射的信号被抛物面镜或聚焦透镜收集,但是仍然比较微弱。为了探测到微弱的散射信号,通常采用光电倍增管(Photomultiplier Tube,PMT)、光电雪崩二极管(Avalanche Photodiode,APD)、单光子探测器等对其探测,同时还附加锁相放大器,利用外差检测技术对信号进行预处理。本实验室搭建的 s-SNOM 系统采用光电雪崩二极管探测信号,并利用锁相放大器提取散射信号中的近场信号。

s-SNOM 系统需要对收集到的信号进行处理才能成像,然而在探测器收集到的散射信号中,近场信号太过于微弱。为了从大量的背景信号中提取近场信号,需要尽可能地抑制背景信号,并对处理后的信号进行图像重构与实时成像。

理想情况下,s-SNOM 系统和孔径式近场扫描光学显微镜可以实现相同的信噪比。在孔径式近场扫描光学显微镜中,由于探针针孔比较小,透射率比较低,因此收集到的信号强度比较弱。如果仅仅考虑孔径探针而无其他的降噪过程,孔径式近场扫描光学显微镜也具有很低的信噪比,在这种情况下需要采用光电倍增管或单光子探测器,有时为了减小噪声还需要使用制冷降噪的探测器。而在 s-SNOM 系统中,由于探测器收集到的信号中不仅包含所需的近场信号,而且还包含很强的远场散射信号,因此有效地区分近场散射信号与远场散射信号成为 s-SNOM 系统中的关键技术之一。通过 AFM 工作在轻敲模式下时,探针间歇性地接触样品可以有效地压制背景信号。在这种工作模式下,探针与样品之间的距离随时间周期性变化,通常探针的振幅在 20 nm 左右,显然近场散射信号和来自探针轴和悬臂上的信号同时被调制,而来自样品表面散射的信号或其他外部背景信号则几乎不被调制。但由于近场信号随着探针-样品之间距离的增大呈指数衰减,而远场散射信号随着探针-样品之间距离的增大周期性变化,因此通过锁相放大器在频率为 $n\Omega$ 信号处进行解调,可以有效控制从悬臂和探针轴散射的背景噪声。

由于探测器收集到的信号是光强信息,它与散射信号复振幅的平方成正比,所以在测量信号时,从探针针尖散射的近场信号会与从悬臂和探针轴散射的背景信号发生干涉。由于激光的干涉对环境比较敏感,因此环境的微小振动常会给系统带来噪声,这种噪声可称为乘积噪声。一般为了抑制这种噪声的干扰,在光路系统中常常会采用零差、外差、伪外差的方式探测信号。

近场信号的解调主要基于锁相放大器,其微弱信号检测的原理如图 7 - 21 所示。

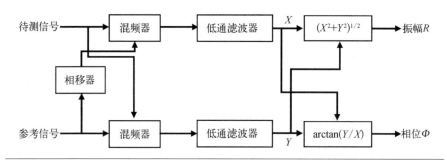

图 7 - 21
锁相放大器的
工作原理

锁相放大器是一个对交变信号敏感的微弱信号测量仪器,它只对被检测信号中与参考频率相同的成分进行检测,而过滤未被调制的信号,因此采用锁相放大器不仅可以提取微弱信号,而且还可以改善信噪比。

由于探测信号的初始相位不确定,实际测量的相位是待测信号与参考信号的相位差,假定参考信号的相位一直保持恒定值,则相位差的变化即可反映出待测信号的变化。具体的相位解调原理如图 7 - 21 所示,测量信号表示为 $V_s \sin(\Omega t + \varphi_s)$,其中,$V_s$ 为测量信号的振幅;φ_s 为测量信号的相位;Ω 为测量信号的频率,包含很多频率分量。参考信号表示为 $V_r \sin(\omega_r t + \varphi_r)$,其中,$V_r$ 为参考信号的振幅,ω_r 为参考信号的调制频率,φ_r 为参考信号的初始相位。参考信号和测量信号经过混频器混频之后,再经低通滤波器滤波得到中间频率 Y,可

用式(7-14)表示为

$$Y = \frac{1}{2} V_s V_r \sin(\theta_s - \theta_r) \qquad (7-14)$$

将参考信号经过相移90°之后,再和测量信号混频,经低通滤波器滤波之后得到中间信号 X,可用式(7-15)表示为

$$X = \frac{1}{2} V_s V_r \cos(\theta_s - \theta_r) \qquad (7-15)$$

中间信号 X 和 Y 经过锁相放大器内置的数字信号处理器(Digital Signal Processor,DSP)芯片计算之后,即可得出探测信号的振幅 R 和相位 Φ,分别用式(7-16)和式(7-17)表示为

$$R = \sqrt{X^2 + Y^2} \qquad (7-16)$$

$$\Phi = \arctan\left(\frac{Y}{X}\right) \qquad (7-17)$$

将探测器收集到的信号输入锁相放大器,经过高阶解调即可提取散射信号中的近场信号的幅值信息和相位信息,将此幅值信息和相位信息经过锁相放大器中的输出信号放大模块对近场信号放大,再将此信号输入 AFM 的控制器中,即可实现近场振幅和相位的实时成像。

s-SNOM 散射型探针一般使用的是商用 AFM 探针。对于 s-SNOM 系统而言,探针是最关键、最重要的器件之一,它不仅决定了近场显微测量系统的光学成像分辨率,而且还决定了整个系统的光学探测性能。为了研究探针对近场信号的影响,实验分别就探针的形状和针尖曲率半径对近场信号的影响做了相关研究。

散射近场光学探测指的是探针与样品之间相互作用的过程,它是一种"扰动"测量过程,不同形状的探针对近场信号和背景信号的增强效果不一样。为了研究不同形状的探针对近场信号的影响,实验中分别采用两种不同形状的硅探针做近场成像研究,探针的形状如图7-22所示。

图7-22(a)中的探针是商用 AFM 探针,我们采用的是 Bruker 公司的 NCHV 硅探针,它可以作为可见光区的近场散射探针。图7-22(b)中的探针是

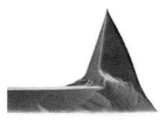 

(a) 针尖垂直朝下的商用AFM探针　　　　(b) 针尖朝前的散射型探针

图 7 - 22
探针形状图

针尖朝前的散射型探针,实验采用的是 Nanosensor 公司的 ATEC - NC 硅探针。在背景放大式散射式近场扫描显微成像系统中,为了尽可能地减少背景信号,一般采用针尖朝前的探针,在后续开发的散射式近场扫描显微成像系统中,为了方便实现探针与照明聚焦光斑的耦合,一般会考虑使用针尖朝前的探针。使用的散射型探针采用电化学腐蚀法制作,针尖曲率半径可以做到 10 nm 左右。探针的成像分辨率与针尖的曲率半径有关,针尖的曲率半径越小,成像分辨率越高,其分辨率大小与针尖曲率半径相当。

　　在 s - SNOM 系统中,一般使用的探针是硅探针或在其针尖处镀有金属膜。由于探针的天线效应,使得针尖周围产生局域场增强,这种增强效应不仅增强了针尖与探针的耦合激励效应,而且还提高了散射光的光场强度。由天线理论可知,在平行于金属天线的轴向方向,更容易被激发场增强效应。天线效应的作用使得探测分量主要是 z 偏振分量。通过采用 FDTD 法对照明激光偏振方向平行于样品表面和垂直于样品表面的近场散射信号的分布进行仿真,仿真结果如图 7 - 23 所示。

　　从图 7 - 23 的 FDTD 仿真结果可以看出散射型探针对入射激发光场的偏振方向的响应特性。当入射激发光场的偏振方向平行于探针针轴方向时,在针尖位置会产生明显的局域场增强效应;当入射激发光场的偏振方向垂直于探针针轴方向时,在针尖处则不存在场增强效应。仿真结果表明,探针针尖对平行于探针针轴方向的光场分量更加敏感,因此,使用偏振方向平行于探针针轴方向的入射激发光场更加有利于近场局域场增强。探针-样品系统在不同的偏振方向光场激发时的电偶极矩分布情况如图 7 - 24 所示。

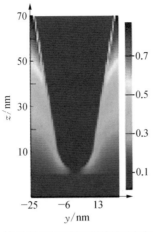

图 7 - 23
FDTD 近 场 散
射信号的分布
仿真图

(a) 偏振方向平行于探针针轴方向　　　　(b) 偏振方向垂直于探针针轴方向

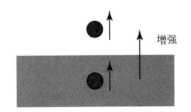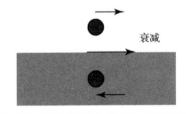

图 7 - 24
电偶极矩分
布图

　　利用偶极子理论模型分析可知,当入射激发光场的偏振方向平行于探针针轴方向时,探针感应出的电偶极矩与镜像电偶极矩的方向相同,均平行于针轴方向,总的纵向电偶极矩等于探针感应电偶极矩与镜像电偶极矩之和,因此在针尖处会形成增强的纵向电场。当入射激发光场的偏振方向垂直于探针针轴方向时,探针感应出的电偶极矩与镜像电偶极矩在同一个面内,方向相反,所以总的电偶极矩被削减,其电偶极矩强度相对单个探针感应的电偶极矩来说要小得多。因此,在 s - SNOM 系统中探针对平行于探针针轴方向的偏振分量的响应比对垂直于探针针轴方向的偏振分量的响应更加敏感。特别是当使用金属针尖和金属样品时,探针-样品之间的耦合效应更强,探针的矢量响应特性更加明显。

　　s - SNOM 系统的成像质量有很大一部分取决于探针的性能。s - SNOM 系统的空间和近场光学成像分辨率仅仅与探针针尖的曲率半径有关,与传统光学显微镜成像分辨率受限于波长截然不同的是,它的成像分辨率与激发光波长无关。由于 s-SNOM 系统的探针针尖的曲率半径可以做得更小,一般都可以做到小于 30 nm,如果使用碳纳米管作为探针针尖时,其曲率半径可以做到 1 nm,所以相对于孔径式近场扫描光学显微镜来说,s-SNOM 系统从原理上可以获得更高的成像分辨率。即使使用商用 AFM 探针,由于硅的折射率比较高,因此在近场作用时,可以提供足够的场增强,使得 s-SNOM 系统获得超高近场成像分辨率。

s-SNOM 系统的成像对比度主要取决于系统的信噪比。信噪比的好坏与 s-SNOM 系统中的电学部分有关,主要是后期的信号检测与处理部分。在 s-SNOM 系统中有很强的远场散射背景噪声,采用普通的信号处理技术很难实现较高的信噪比,因此在提高信噪比方面,除了常用的电学去噪外,还有倍频、混频、零差、外差等检测技术和图像处理部分的中值滤波器、均值滤波器等滤波方法。这些方法对系统的成像分辨率和对比度有很大的作用。

7.3.4　太赫兹近场显微系统

近年来,将 s-SNOM 扩展到太赫兹波段是近场光学显微测量领域的研究热点。2009 年,A. J. Huber 和 F. Keilmann 等研究人员采用在远场探测背向散射信号的 s-SNOM 方案,利用气体 THz 激光器在 2.54 THz 输出对半导体晶体管进行近场显微成像,获得了空间分辨率约为 40 nm 的近场图像。2012 年,K. Moon 等采用光电导天线作为 THz 源建立 THz s-SNOM 系统,使用该系统对硅基底上的金薄膜进行扫描,获得空间分辨率小于 200 nm 的近场图像。2014 年,K. Moon 将 THz 时域光谱与基于石英音叉的 AFM 结合,采用在远场探测前向散射信号的 s-SNOM 方案,对掩埋在 Si_3N_4 表层下的 Au/Si_3N_4 光栅进行扫描,实现了分辨率为 90 nm 的 THz 近场显微成像。2016 年,英国利兹大学的 P. Dean 等以量子级联激光器(Quantum Cascade Laser,QCL)为辐射源,使用金属探针,采用自混频方式检测近场散射信号,获得了 1 μm 空间分辨率的近场图像。同年,F. Kuschewski 等采用高辐射功率的自由电子激光器作为发射源,在 1.3~8.5 THz 频段对金纳米颗粒进行超分辨探测,获得了 50 nm 空间分辨率的 THz 显微成像。2017 年,英国剑桥大学卡文迪许实验室的 R. DegI' Innocenti 等采用 QCL 辐射源和自混频检测方式,利用石英音叉控制纳米探针的振动,对等离子体共振天线结构进行近场检测,实现了 78 nm 空间分辨率的 THz 近场显微成像。2018 年,C. Liewald 等基于 Neaspec 公司的 s-SNOM 系统,以工作频率为 0.6 THz 的肖特基二极管为太赫兹发射源,采用外差检测技术,实现了近场振幅与相位信号的检测,使用该系统对半导体器件进行扫描,获得了分辨率小于 50 nm 的近场图像。

综上,关于 THz s-SNOM 系统的研究大多采用气体激光器、光电导天线或 QCL 作为发射源,工作波长一般在亚毫米波段,国内外尚未有毫米波段纳米分辨率 THz s-SNOM 系统的报道。我们在前期建立可见光-红外波段 s-SNOM 系统的基础上,采用 0.1~0.3 THz 频段(对应波长为 1.0~3.0 mm)的太赫兹倍频模块作为发射源,设计并建立了具有纳米空间分辨率的 THz s-SNOM 系统,该系统近场显微成像的空间分辨率优于 60 nm。

THz s-SNOM 系统的整体光路如图 7-25(a)所示。该系统采用背向散射的方式,采用太赫兹倍频模块发射太赫兹波,使用抛物面镜对太赫兹波进行准直,然后聚焦于 AFM 探针的针尖上,针尖处的散射光沿入射光路原路返回,经分束器反射后被探测器接收。该系统中的 AFM 工作在轻敲模式下(探针振动频率设为 f),针尖曲率半径约为 10 nm。该系统采用外差检测方式,并使用锁相放大器进行高阶解调(解调频率为 nf)以提取近场信号。对于不同 n 值解调得到的近场信号,我们称为 n 阶近场信号。

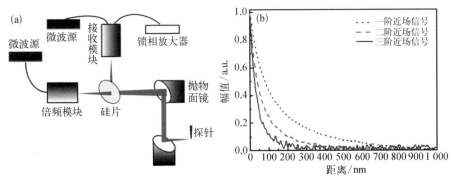

图 7-25 　THz s-SNOM 系统的整体光路示意图(a)和实验测量的太赫兹近场信号趋近曲线(b)

THz s-SNOM 系统的关键技术是从强的背景散射信号中提取微弱的近场信号。探测器接收的散射信号包括两部分，一部分来自探针与样品之间散射的近场信号，一部分来自探针悬臂、探针轴和样品上散射的背景信号，但是只有针尖与样品间的近场散射信号受到针尖与样品间距离的非线性调制，因此以针尖的振动频率为参考频率进行高阶解调，可有效滤除背景信号。可见光波段近场信号易被探针轴、探针悬臂、样品散射的背景信号干扰，形成伪像，因此多采用外差检测的方法消除背景信号的干扰。在中红外波段通常采用伪外差的探测方法消除背景信号的干扰，提取近场信号。我们以太赫兹混频器为探测器，采用电学外差探测方案，避免了光学外差探测易受环境因素影响的缺点。

控制探针以 20 nm/s 的速度接近样品，记录近场信号强度随针尖与样品距离的变化，做归一化处理后，如图 7-25(b) 所示，其中黑色曲线为一阶近场信号，红色曲线为二阶近场信号，蓝色曲线为三阶近场信号。在针尖靠近样品的过程中，由于针尖与样品间的近场相互作用，可以观测到近场信号的显著增强。

对于不同阶数的近场信号，近场信号的强度会随着解调阶数的增加而减弱，但高阶信号可以减少背景信号的干扰。图 7-25(b) 中近场信号的强度随样品与针尖距离的增加而迅速衰减，但是由于一阶近场信号中包含部分背景信号，因此衰减速度要小于二阶近场信号和三阶近场信号。对于 s-SNOM 系统，近场信号趋近曲线从峰值衰减到 $1/e$ 处的距离可近似为系统分辨率，基于对图 7-25(b) 中近场信号趋近曲线的分析，我们建立的 THz s-SNOM 系统的空间分辨率小于 60 nm。

使用 AFM 探针逐点扫描样品表面，可同步得到样品的表面形貌图和近场显微图。在 270 GHz 频点的测量结果如图 7-26(a) 所示。样品为 Si 基底上的 Au 薄膜，图 7-26(a) 是 AFM 形貌图，图中较亮部分为 Au 薄膜（厚度约为 50 nm），较暗部分为 Si 基底，扫描范围为 2 μm×2 μm。图 7-26(b) 是一阶近场图像，图 7-26(c) 是二阶近场图像，图 7-26(d) 是三阶近场图像，图 7-26(e) 中的曲线分别是图 7-26(a)～(d) 中白色虚线处信号的剖面图。对比 AFM 形貌图与近场图像，发现两者具有很好的一致性，我们可以通过近场图像区分金与硅。在近场信号的剖面图中，可以看到在对样品扫描过程中由金到硅区域的近场信号变化。高阶解调可以减少背景信号的干扰,因此能够优化金与硅近场信号的对比度。对于三阶近场信号,由金到硅过渡区域的宽度小于 100 nm,与近场趋近曲线所估计的分辨率相近。与毫米量级的探测波长相比,该系统具有超高的近场显微空间分辨率。

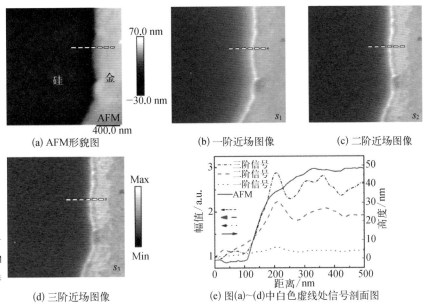

图 7 - 26
金薄膜/硅衬底样品的 AFM 形貌图和太赫兹近场显微图

(a) AFM形貌图

(b) 一阶近场图像

(c) 二阶近场图像

(d) 三阶近场图像

(e) 图(a)~(d)中白色虚线处信号剖面图

该系统采用的 THz 源可调谐范围为 0.1~0.3 THz,为进一步测试系统在其他频点的工作性能,我们将倍频模块的发射频率设置为 196 GHz,以少层石墨烯薄片为样品,得到的近场图像如图 7 - 27 所示。图 7 - 27(a)是 AFM 形貌图,图中左侧微亮部分为石墨烯,中间和右侧区域为二氧化硅/硅基底,石墨烯的高度

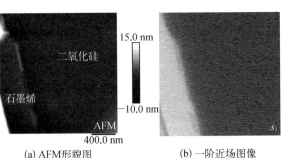

图 7 - 27
少层石墨烯薄片的 AFM 形貌图和太赫兹近场显微图

(a) AFM形貌图

(b) 一阶近场图像

(c) 二阶近场图像

为 8 nm,扫描范围为 2 μm,图 7 - 27(b)是一阶近场图像,图 7 - 27(c)是二阶近场图像。近场图像中石墨烯薄片边缘清晰,其轮廓与 AFM 形貌一致。测试结果表明,石墨烯薄片在太赫兹波段具有与金膜相似的近场反射率,这与 J. W. Zhang 等的报道相符。

7.4　小结

太赫兹超分辨成像技术在太赫兹技术发展方兴未艾的今天,不断地发展和突破,使得太赫兹波在研究和应用领域上的空白正被填补。各种为了突破衍射极限实现超分辨的技术和手段被越来越多的研究人员所重视。本章介绍了在太赫兹频段利用表面等离激元实现突破衍射极限的两种超分辨聚焦成像技术。首先,提出具有螺旋线结构的太赫兹超透镜,利用阿基米德螺旋线结构阵列的偏振相关性特点,将入射激发的 SPPs 高效汇聚,从而可以有效地提高聚焦的强度,达到高强度聚焦的目的。同时,所设计的 PL 具有结构简单、制作容易、可调控的特点。理论和实验均证明,这种新型太赫兹 PL 可以实现突破衍射极限,同时聚焦强度可随匝数不断调控。其次,详细介绍了散射式近场扫描光学显微技术。从探针的振幅、形状、激光源、噪声等方面,对近场信号的特性做了相关研究,研究结果表明,探针的振幅越大,近场信号的强度越大,为了减少探针在扫描样品时的非简谐运动所引起的假信号,应该将探针的扫描振幅设置在自由空间振幅的 90% 以上。近场信号的成像分辨率与电磁波的波长无关,仅与探针针尖的曲率半径有关。在 s - SNOM 系统中,噪声主要来自背景散射信号的振动,通过使用表面平整的样品或扫描较小的范围可以减少这种光学振动噪声,提高近场成像对比度和信噪比。搭建的 THz s - SNOM 系统可实现空间分辨率小于 60 nm 的性能。

参考文献

［1］ Wood R W. XLII. On a remarkable case of uneven distribution of light in a diffraction grating spectrum[J]. Philosophical Magazine, 1902, 4(21): 396 - 402.

［2］ Fano U. The theory of anomalous diffraction gratings and of quasi-stationary waves on metallic surfaces (sommerfeld's waves)[J]. Journal of the Optical Society of America, 1941, 31(3): 213 - 222.

［3］ Sommerfeld A. Ueber Die Fortpflanzung elektrodynamischer Wellen längs eines Drahtes[J]. Annalen Der Physik Und Chemie, 1899, 303(2): 233 - 290.

［4］ Zenneck J. Über Die Fortpflanzung ebener elektromagnetischer Wellen längs einer ebenen Leiterfläche und ihre Beziehung zur drahtlosen Telegraphie[J]. Annalen Der Physik, 1907, 328(10): 846 - 866.

［5］ Ritchie R H. Plasma losses by fast electrons in thin films[J]. Physical Review, 1957, 106(5): 874 - 881.

［6］ Powell C J, Swan J B. Origin of the characteristic electron energy losses in aluminum[J]. Physical Review, 1959, 115(4): 869 - 875.

［7］ Stern E A, Ferrell R A. Surface plasma oscillations of a degenerate electron gas[J]. Physical Review, 1960, 120(1): 130 - 136.

［8］ Otto A. Excitation of nonradiative surface plasma waves in silver by the method of frustrated total reflection[J]. Zeitschrift Für Physik A Hadrons and Nuclei, 1968, 216(4): 398 - 410.

［9］ Kretschmann E, Raether H. Notizen: Radiative decay of non radiative surface plasmons excited by light[J]. Zeitschrift Für Naturforschung A, 1968, 23(12): 2135 - 2136.

［10］ Cunningham S L. Special points in the two-dimensional Brillouin zone[J]. Physical Review B Condensed Matter, 1974, 10(12): 4988 - 4994.

［11］ Goubau G. Surface waves and their application to transmission lines[J]. Journal of Applied Physics, 1950, 21(11): 1119 - 1128.

［12］ Ehrlich M, Newkirk L. Corrugated surface antennas[C]//1958 IRE International Convention Record. New York: IEEE, 1966.

［13］ Harvey A F. Periodic and guiding structures at microwave frequencies[J]. IRE Transactions on Microwave Theory and Techniques, 1960, 8(1): 30 - 61.

［14］ Ulrich R, Tacke M. Submillimeter waveguiding on periodic metal structure[J]. Applied Physics Letters, 1973, 22(5): 251 - 253.

［15］ Pendry J B, Martín-Moreno L, Garcia-Vidal F J. Mimicking surface plasmons with structured surfaces[J]. Science, 2004, 305(5685): 847 - 848.

[16] Hibbins A P, Evans B R, Sambles J R. Experimental verification of designer surface plasmons[J]. Science, 2005, 308(5722): 670 - 672.

[17] Zhao W S, Eldaiki O M, Yang R X, et al. Deep subwavelength waveguiding and focusing based on designer surface plasmons[J]. Optics Express, 2010, 18(20): 21498 - 21503.

[18] Ruan Z C, Qiu M. Slow electromagnetic wave guided in subwavelength region along one-dimensional periodically structured metal surface[J]. Applied Physics Letters, 2007, 90(20): 201906.

[19] Gan Q Q, Fu Z, Ding Y J, et al. Ultrawide-bandwidth slow-light system based on THz plasmonic graded metallic grating structures[J]. Physical Review Letters, 2008, 100(25): 256803.

[20] Ng B, Wu J F, Hanham S M, et al. Spoof plasmon surfaces: A novel platform for THz sensing[J]. Advanced Optical Materials, 2013, 1(8): 543 - 548.

[21] Chen L, Ge Y F, Zang X F, et al. Tunable phase transition via radiative loss controlling in a terahertz attenuated total reflection-based metasurface[J]. IEEE Transactions on Terahertz Science and Technology, 2019, 9(6): 643 - 650.

[22] Drude P. Zur elektronentheorie der metalle[J]. Annalen Der Physik, 1902, 312 (3): 687 - 692.

[23] Gong M F, Jeon T I, Grischkowsky D. THz surface wave collapse on coated metal surfaces[J]. Optics Express, 2009, 17(19): 17088 - 17101.

[24] Garcia-Vidal F J, Martín-Moreno L, Pendry J B. Surfaces with holes in them: New plasmonic metamaterials[J]. Journal of Optics A: Pure and Applied Optics, 2005, 7(2): S97 - S101.

[25] Hendry E, Hibbins A P, Sambles J R. Importance of diffraction in determining the dispersion of designer surface plasmons[J]. Physical Review B, 2008, 78(23): 235426.

[26] Maier S A, Andrews S R, Martín-Moreno L, et al. Terahertz surface plasmon-polariton propagation and focusing on periodically corrugated metal wires[J]. Physical Review Letters, 2006, 97(17): 176805.

[27] Fernández-Domínguez A I, Martín-Moreno L, Garcia-Vidal F J, et al. Spoof surface plasmon polariton modes propagating along periodically corrugated wires[J]. IEEE Journal of Selected Topics in Quantum Electronics, 2008, 14(6): 1515 - 1521.

[28] Shen L F, Chen X D, Zhong Y, et al. Effect of absorption on terahertz surface plasmon polaritons propagating along periodically corrugated metal wires[J]. Physical Review B, 2008, 77(7): 075408.

[29] Williams C R, Andrews S R, Maier S A, et al. Highly confined guiding of terahertz surface plasmon polaritons on structured metal surfaces[J]. Nature Photonics, 2008, 2(3): 175 - 179.

[30] Saxler J, Gómez Rivas J, Janke C, et al. Time-domain measurements of surface plasmon polaritons in the terahertz frequency range[J]. Physical Review B, 2004,

69(15): 155427.

[31] Chahal P, Myers J, Park K Y, et al. Planar surface plasmonic structures for terahertz circuits and sensors[C]//2012 IEEE 62nd Electronic Components and Technology Conference. San Diego: IEEE, 2012: 930 - 935.

[32] Cao H, Nahata A. Coupling of terahertz pulses onto a single metal wire waveguide using milled grooves[J]. Optics Express, 2005, 13(18): 7028 - 7034.

[33] Martl M, Darmo J, Unterrainer K, et al. Excitation of terahertz surface plasmon polaritons on etched groove gratings[J]. Journal of the Optical Society of America B, 2009, 26(3): 554 - 558.

[34] Gaborit G, Armand D, Coutaz J L, et al. Excitation and focusing of terahertz surface plasmons using a grating coupler with elliptically curved grooves[J]. Applied Physics Letters, 2009, 94(23): 231108.

[35] Agrawal A, Nahata A. Coupling terahertz radiation onto a metal wire using a subwavelength coaxial aperture[J]. Optics Express, 2007, 15(14): 9022 - 9028.

[36] Hibbins A P, Hendry E, Lockyear M J, et al. Prism coupling to 'designer' surface plasmons[J]. Optics Express, 2008, 16(25): 20441 - 20447.

[37] O'Hara J F, Averitt R D, Taylor A J. Prism coupling to terahertz surface plasmon polaritons[J]. Optics Express, 2005, 13(16): 6117 - 6126.

[38] Shen W W, Xie J Y, Zang X F, et al. Coupling terahertz wave into a plasmonic waveguide by using two ribbon waveguides[J]. Results in Physics, 2020, 19: 103653.

[39] Laurette S, Treizebre A, Bocquet B. Corrugated goubau lines to slow down and confine THz waves[J]. IEEE Transactions on Terahertz Science and Technology, 2012, 2(3): 340 - 344.

[40] Ma H F, Shen X P, Cheng Q, et al. Broadband and high-efficiency conversion from guided waves to spoof surface plasmon polaritons[J]. Laser & Photonics Reviews, 2014, 8(1): 146 - 151.

[41] Jeon T I, Grischkowsky D. THz Zenneck surface wave (THz surface plasmon) propagation on a metal sheet[J]. Applied Physics Letters, 2006, 88(6): 061113.

[42] Liu S, Zhang H C, Zhang L, et al. Full-state controls of terahertz waves using tensor coding metasurfaces[J]. ACS Applied Materials & Interfaces, 2017, 9(25): 21503 - 21514.

[43] Sun S L, He Q, Xiao S Y, et al. Gradient-index meta-surfaces as a bridge linking propagating waves and surface waves[J]. Nature Materials, 2012, 11(5): 426 - 431.

[44] Fernández-Domínguez A I, Moreno E, Martín-Moreno L, et al. Guiding terahertz waves along subwavelength channels[J]. Physical Review B, 2009, 79(23): 233104.

[45] Martin-Cano D, Nesterov M L, Fernandez-Dominguez A I, et al. Domino plasmons for subwavelength terahertz circuitry[J]. Optics Express, 2010, 18(2): 754 - 764.

[46] Shen X P, Cui T J, Martin-Cano D, et al. Conformal surface plasmons propagating on ultrathin and flexible films[J]. PNAS, 2013, 110(1): 40 – 45.

[47] Fernández-Domínguez A I, Williams C R, García-Vidal F J, et al. Terahertz surface plasmon polaritons on a helically grooved wire[J]. Applied Physics Letters, 2008, 93(14): 141109.

[48] Rüting F, Fernández-Domínguez A I, Martín-Moreno L, et al. Subwavelength chiral surface plasmons that carry tuneable orbital angular momentum[J]. Physical Review B, 2012, 86(7): 075437.

[49] Liu L L, Li Z, Gu C Q, et al. Smooth bridge between guided waves and spoof surface plasmon polaritons[J]. Optics Letters, 2015, 40(8): 1810 – 1813.

[50] Jiang T, Shen L F, Wu J J, et al. Realization of tightly confined channel plasmon polaritons at low frequencies[J]. Applied Physics Letters, 2011, 99(26): 261103.

[51] Gao Z, Shen L F, Zheng X D. Highly-confined guiding of terahertz waves along subwavelength grooves[J]. IEEE Photonics Technology Letters, 2012, 24(15): 1343 – 1345.

[52] Li X E, Jiang T, Shen L F, et al. Subwavelength guiding of channel plasmon polaritons by textured metallic grooves at telecom wavelengths[J]. Applied Physics Letters, 2013, 102(3): 031606.

[53] Fernández-Domínguez A I, Moreno E, Martín-Moreno L, et al. Terahertz wedge plasmon polaritons[J]. Optics Letters, 2009, 34(13): 2063 – 2065.

[54] Gao Z, Zhang X F, Shen L F. Wedge mode of spoof surface plasmon polaritons at terahertz frequencies[J]. Journal of Applied Physics, 2010, 108(11): 113104.

[55] Kats M A, Woolf D, Blanchard R, et al. Spoof plasmon analogue of metal-insulator-metal waveguides[J]. Optics Express, 2011, 19(16): 14860 – 14870.

[56] Welford K R, Sambles J R. Coupled surface plasmons in a symmetric system[J]. Journal of Modern Optics, 1988, 35(9): 1467 – 1483.

[57] Zhu W Q, Agrawal A, Nahata A. Planar plasmonic terahertz guided-wave devices [J]. Optics Express, 2008, 16(9): 6216 – 6226.

[58] Ma Y G, Lan L, Zhong S M, et al. Experimental demonstration of subwavelength domino plasmon devices for compact high-frequency circuit[J]. Optics Express, 2011, 19(22): 21189 – 21198.

[59] Zhang Y, Xu Y H, Tian C X, et al. Terahertz spoof surface-plasmon-polariton subwavelength waveguide[J]. Photonics Research, 2017, 6(1): 18 – 23.

[60] Withayachumnankul W, Kaltenecker K, Liu H, et al. Terahertz magnetic plasmon waveguides[C]//2012 37th International Conference on Infrared, Millimeter, and Terahertz Waves. IEEE, 2012.

[61] Navarro-Cía M, Beruete M, Agrafiotis S, et al. Broadband spoof plasmons and subwavelength electromagnetic energy confinement on ultrathin metafilms[J]. Optics Express, 2009, 17(20): 18184 – 18195.

[62] Gao F, Gao Z, Shi X H, et al. Probing topological protection using a designer

surface plasmon structure[J]. Nature Communications, 2016, 7: 11619.

[63] Cheng Q Q, Pan Y M, Wang H Q, et al. Observation of anomalous π modes in photonic floquet engineering[J]. Physical Review Letters, 2019, 122(17): 173901.

[64] Li Z, Liu L L, Sun H Y, et al. Effective surface plasmon polaritons induced by modal dispersion in a waveguide [J]. Physical Review Applied, 2017, 7(4): 044028.

[65] Della Giovampaola C, Engheta N. Plasmonics without negative dielectrics [J]. Physical Review B, 2016, 93(19): 195152.

[66] Mikhailov S A, Ziegler K. New electromagnetic mode in graphene[J]. Physical Review Letters, 2007, 99(1): 016803.

[67] Grigorenko A N, Polini M, Novoselov K S. Graphene plasmonics [J]. Nature Photonics, 2012, 6(11): 749 – 758.

[68] Nikitin A Y, Guinea F, García-Vidal F J, et al. Edge and waveguide terahertz surface plasmon modes in graphene microribbons[J]. Physical Review B, 2011, 84 (16): 161407.

[69] Ju L, Geng B S, Horng J, et al. Graphene plasmonics for tunable terahertz metamaterials[J]. Nature Nanotechnology, 2011, 6(10): 630 – 634.

[70] Mendis R, Grischkowsky D. Undistorted guided-wave propagation of subpicosecond terahertz pulses[J]. Optics Letters, 2001, 26(11): 846 – 848.

[71] Mendis R. Nature of subpicosecond terahertz pulse propagation in practical dielectric-filled parallel-plate waveguides[J]. Optics Letters, 2006, 31(17): 2643 – 2645.

[72] Mendis R. THz transmission characteristics of dielectric-filled parallel-plate waveguides[J]. Journal of Applied Physics, 2007, 101(8): 083115.

[73] Mendis R, Mittleman D M. Comparison of the lowest-order transverse-electric (TE₁) and transverse-magnetic (TEM) modes of the parallel-plate waveguide for terahertz pulse applications[J]. Optics Express, 2009, 17(17): 14839 – 14850.

[74] Mbonye M, Mendis R, Mittleman D M. Inhibiting the TE₁-mode diffraction losses in terahertz parallel-plate waveguides using concave plates[J]. Optics Express, 2012, 20(25): 27800 – 27809.

[75] Chen L, Gao C M, Xu J M, et al. Observation of electromagnetically induced transparency-like transmission in terahertz asymmetric waveguide-cavities systems [J]. Optics Letters, 2013, 38(9): 1379 – 1381.

[76] Chen L, Cheng Z X, Xu J M, et al. Controllable multiband terahertz notch filter based on a parallel plate waveguide with a single deep groove[J]. Optics Letters, 2014, 39(15): 4541 – 4544.

[77] Lee E S, Jeon T I. THz filter using the transverse-electric (TE₁) mode of the parallel-plate waveguide[J]. Journal of the Optical Society of Korea, 2009, 13(4): 423 – 427.

[78] Chen L, Xu J M, Gao C M, et al. Manipulating terahertz electromagnetic induced

transparency through parallel plate waveguide cavities[J]. Applied Physics Letters, 2013, 103(25): 251105.

[79] Mendis R, Mittleman D M. An investigation of the lowest-order transverse-electric (TE$_1$) mode of the parallel-plate waveguide for THz pulse propagation[J]. Journal of the Optical Society of America B, 2009, 26(9): A6 - A13.

[80] Astley V, McCracken B, Mendis R, et al. Analysis of rectangular resonant cavities in terahertz parallel-plate waveguides[J]. Optics Letters, 2011, 36(8): 1452 - 1454.

[81] Mendis R, Astley V, Liu J B, et al. Terahertz microfluidic sensor based on parallel-plate waveguide resonant cavity [J]. Applied Physics Letters, 2009, 95 (17): 171113.

[82] Astley V, Reichel K S, Jones J, et al. A mode-matching analysis of dielectric-filled resonant cavities coupled to terahertz parallel-plate waveguides[J]. Optics Express, 2012, 20(19): 21766 - 21772.

[83] Lee E S, Jeon T I. Tunable THz notch filter with a single groove inside parallel-plate waveguides[J]. Optics Express, 2012, 20(28): 29605 - 29612.

[84] Lee E S, So J K, Park G S, et al. Terahertz band gaps induced by metal grooves inside parallel-plate waveguides[J]. Optics Express, 2012, 20(6): 6116 - 6123.

[85] Lee E S, Lee S G, Kee C S, et al. Terahertz notch and low-pass filters based on band gaps properties by using metal slits in tapered parallel-plate waveguides[J]. Optics Express, 2011, 19(16): 14852 - 14859.

[86] Mendis R. Guided-wave THz time-domain spectroscopy of highly doped silicon using parallel-plate waveguides[J]. Electronics Letters, 2006, 42(1): 19 - 21.

[87] Reichel K S, Iwaszczuk K, Jepsen P U, et al. *In situ* spectroscopic characterization of a terahertz resonant cavity[J]. Optica, 2014, 1(5): 272 - 275.

[88] Bark H S, Zha J S, Lee E S, et al. Thin layer terahertz sensing using two-channel parallel-plate waveguides[J]. Optics Express, 2014, 22(14): 16738 - 16744.

[89] Astley V, Reichel K S, Jones J, et al. Terahertz multichannel microfluidic sensor based on parallel-plate waveguide resonant cavities[J]. Applied Physics Letters, 2012, 100(23): 154104.

[90] Lee S G, Su Lee E, Jeon T I, et al. Slowing down the speed of terahertz guiding modes of a metal air-gap waveguide by using a coupled plasmonic cavity[J]. Journal of Applied Physics, 2012, 112(11): 113114.

[91] Zhang J, Cai L K, Bai W L, et al. Slow light at terahertz frequencies in surface plasmon polariton assisted grating waveguide[J]. Journal of Applied Physics, 2009, 106(10): 103715.

[92] Mendis R, Liu J B, Mittleman D M. Terahertz mirage: Deflecting terahertz beams in an inhomogeneous artificial dielectric based on a parallel-plate waveguide[J]. Applied Physics Letters, 2012, 101(11): 111108.

[93] Ma J J, Karl N J, Bretin S, et al. Frequency-division multiplexer and demultiplexer

for terahertz wireless links[J]. Nature Communications, 2017, 8(1): 729.

[94] Karl N J, McKinney R W, Monnai Y, et al. Frequency-division multiplexing in the terahertz range using a leaky-wave antenna[J]. Nature Photonics, 2015, 9(11): 717 - 720.

[95] Coleman S, Grischkowsky D. Parallel plate THz transmitter[J]. Applied Physics Letters, 2004, 84(5): 654 - 656.

[96] Cooke D G, Jepsen P U. Optical modulation of terahertz pulses in a parallel plate waveguide[J]. Optics Express, 2008, 16(19): 15123 - 15129.

[97] Gingras L, Georgin M, Cooke D G. Optically induced mode coupling and interference in a terahertz parallel plate waveguide[J]. Optics Letters, 2014, 39 (7): 1807 - 1810.

[98] Iwaszczuk K, Andryieuski A, Lavrinenko A, et al. Non-invasive terahertz field imaging inside parallel plate waveguides[J]. Applied Physics Letters, 2011, 99 (7): 071113.

[99] Zhan H, Mendis R, Mittleman D M. Superfocusing terahertz waves below $\lambda/250$ using plasmonic parallel-plate waveguides[J]. Optics Express, 2010, 18(9): 9643 - 9650.

[100] Ahmadi-Boroujeni M, Altmann K, Scherger B, et al. Terahertz parallel-plate ladder waveguide with highly confined guided modes[J]. IEEE Transactions on Terahertz Science and Technology, 2013, 3(1): 87 - 95.

[101] Kitagawa J, Kodama M, Koya S, et al. THz wave propagation in two-dimensional metallic photonic crystal with mechanically tunable photonic-bands[J]. Optics Express, 2012, 20(16): 17271 - 17280.

[102] Ghamsari B G, Majedi A H. Terahertz transmission lines based on surface waves in plasmonic waveguides[J]. Journal of Applied Physics, 2008, 104(8): 083108.

[103] Ahmadi-Boroujeni M, Shahabadi M. Application of the generalized multipole technique to the analysis of a ladder parallel-plate waveguide for terahertz guided-wave applications[J]. Journal of the Optical Society of America B, 2010, 27(10): 2061 - 2067.

[104] Gerhard M, Theuer M, Beigang R. Coupling into tapered metal parallel plate waveguides using a focused terahertz beam[J]. Applied Physics Letters, 2012, 101(4): 041109.

[105] Theuer M, Harsha S S, Grischkowsky D. Flare coupled metal parallel-plate waveguides for high resolution terahertz time-domain spectroscopy[J]. Journal of Applied Physics, 2010, 108(11): 113105.

[106] Reichel K S, Sakoda N, Mendis R, et al. Evanescent wave coupling in terahertz waveguide arrays[J]. Optics Express, 2013, 21(14): 17249 - 17255.

[107] Mendis R, Nag A, Chen F, et al. A tunable universal terahertz filter using artificial dielectrics based on parallel-plate waveguides [J]. Applied Physics Letters, 2010, 97(13): 131106.

[108] Bingham A, Zhao Y G, Grischkowsky D. THz parallel plate photonic waveguides [J]. Applied Physics Letters, 2005, 87(5): 051101.

[109] Liu J B, Mendis R, Mittleman D M. A terahertz band-pass resonator based on enhanced reflectivity using spoof surface plasmons[J]. New Journal of Physics, 2013, 15(5): 055002.

[110] Liu J B, Mendis R, Mittleman D M. Designer reflectors using spoof surface plasmons in the terahertz range[J]. Physical Review B, 2012, 86(24): 241405.

[111] Mueckstein R, Navarro-Cia M, Mitrofanov O. Mode interference and radiation leakage in a tapered parallel plate waveguide for terahertz waves[J]. Applied Physics Letters, 2013, 102(14): 141103.

[112] Liu J B, Mendis R, Mittleman D M. The transition from a TEM-like mode to a plasmonic mode in parallel-plate waveguides[J]. Applied Physics Letters, 2011, 98(23): 231113.

[113] Lee E S, Kang D H, Fernandez-Dominguez A I, et al. Bragg reflection of terahertz waves in plasmonic crystals[J]. Optics Express, 2009, 17(11): 9212 – 9218.

[114] Harsha S S, Laman N, Grischkowsky D. High-Q terahertz Bragg resonances within a metal parallel plate waveguide[J]. Applied Physics Letters, 2009, 94(9): 091118.

[115] Kim S H, Lee E S, Ji Y B, et al. Improvement of THz coupling using a tapered parallel-plate waveguide[J]. Optics Express, 2010, 18(2): 1289 – 1295.

[116] Theuer M, Shutler A J, Harsha S S, et al. Terahertz two-cylinder waveguide coupler for transverse-magnetic and transverse-electric mode operation[J]. Applied Physics Letters, 2011, 98(7): 071108.

[117] Chen L, Cao Z Q, Ou F, et al. Observation of large positive and negative lateral shifts of a reflected beam from symmetrical metal-cladding waveguides[J]. Optics Letters, 2007, 32(11): 1432 – 1434.

[118] Ebbesen T W, Lezec H J, Ghaemi H F, et al. Extraordinary optical transmission through sub-wavelength hole arrays[J]. Nature, 1998, 391(6668): 667 – 669.

[119] Jackson J D. Classical Electrodynamics[M]. 3th ed. New York: Wiley, 1999.

[120] Martín-Moreno L, García-Vidal F J, Lezec H J, et al. Theory of extraordinary optical transmission through subwavelength hole arrays [J]. Physical Review Letters, 2001, 86(6): 1114 – 1117.

[121] Treacy M M J. Dynamical diffraction explanation of the anomalous transmission of light through metallic gratings[J]. Physical Review B, 2002, 66(19): 195105.

[122] Cao Q, Lalanne P. Negative role of surface plasmons in the transmission of metallic gratings with very narrow slits[J]. Physical Review Letters, 2002, 88(5): 057403.

[123] Lochbihler H. Surface polaritons on gold-wire gratings[J]. Physical Review B, Condensed Matter, 1994, 50(7): 4795 – 4801.

[124] Lezec H J, Thio T. Diffracted evanescent wave model for enhanced and suppressed optical transmission through subwavelength hole arrays[J]. Optics Express, 2004, 12(16): 3629 - 3651.

[125] Liu H T, Lalanne P. Microscopic theory of the extraordinary optical transmission [J]. Nature, 2008, 452(7188): 728 - 731.

[126] Miyamaru F, Hangyo M. Finite size effect of transmission property for metal hole arrays in subterahertz region[J]. Applied Physics Letters, 2004, 84(15): 2742 - 2744.

[127] Qu D X, Grischkowsky D, Zhang W L. Terahertz transmission properties of thin, subwavelength metallic hole arrays[J]. Optics Letters, 2004, 29(8): 896 - 898.

[128] Cao H, Nahata A. Resonantly enhanced transmission of terahertz radiation through a periodic array of subwavelength apertures[J]. Optics Express, 2004, 12 (6): 1004 - 1010.

[129] Azad A K, Zhang W L. Resonant terahertz transmission in subwavelength metallic hole arrays of sub-skin-depth thickness[J]. Optics Letters, 2005, 30(21): 2945 - 2947.

[130] Lu X C, Han J G, Zhang W L. Resonant terahertz reflection of periodic arrays of subwavelength metallic rectangles[J]. Applied Physics Letters, 2008, 92(12): 121103.

[131] Lu X C, Han J G, Zhang W L. Transmission field enhancement of terahertz pulses in plasmonic, rectangular coaxial geometries[J]. Optics Letters, 2010, 35(7): 904 - 906.

[132] Lee J W, Seo M A, Park D J, et al. Shape resonance omni-directional terahertz filters with near-unity transmittance[J]. Optics Express, 2006, 14(3): 1253 - 1259.

[133] Lee J W, Seo M A, Kim D S, et al. Polarization dependent transmission through asymmetric C-shaped holes[J]. Applied Physics Letters, 2009, 94(8): 081102.

[134] Jiang Y W, Tzuang L D, Ye Y H, et al. Effect of Wood's anomalies on the profile of extraordinary transmission spectra through metal periodic arrays of rectangular subwavelength holes with different aspect ratio[J]. Optics Express, 2009, 17(4): 2631 - 2637.

[135] Lee J W, Kim D S. Relative contribution of geometric shape and periodicity to resonant terahertz transmission[J]. Journal of Applied Physics, 2010, 107(11): 113109.

[136] Miyamaru F, Hangyo M. Anomalous terahertz transmission through double-layer metal hole arrays by coupling of surface plasmon polaritons[J]. Physical Review B, 2005, 71(16): 165408.

[137] Miyamaru F, Kondo T, Nagashima T, et al. Large polarization change in two-dimensional metallic photonic crystals in subterahertz region[J]. Applied Physics Letters, 2003, 82(16): 2568 - 2570.

[138] Zhang W L, Azad A K, Han J G, et al. Direct observation of a transition of a surface plasmon resonance from a photonic crystal effect[J]. Physical Review Letters, 2007, 98(18): 183901.

[139] Azad A K, Zhao Y, Zhang W. Transmission properties of terahertz pulses through an ultrathin subwavelength silicon hole array[J]. Applied Physics Letters, 2005, 86(14): 141102.

[140] Jian Z P, Mittleman D M. Characterization of guided resonances in photonic crystal slabs using terahertz time-domain spectroscopy[J]. Journal of Applied Physics, 2006, 100(12): 123113.

[141] Li J S, Zouhdi S. Fano resonance filtering characteristic of high-resistivity silicon photonic crystal slab in terahertz region[J]. IEEE Photonics Technology Letters, 2012, 24(8): 625 - 627.

[142] Chen L, Zhu Y M, Zang X F, et al. Mode splitting transmission effect of surface wave excitation through a metal hole array[J]. Light: Science & Applications, 2013, 2(3): e60.

[143] Beard M C, Turner G M, Schmuttenmaer C A. Transient photoconductivity in GaAs as measured by time-resolved terahertz spectroscopy[J]. Physical Review B, 2000, 62(23): 15764 - 15777.

[144] Torosyan G, Rau C, Pradarutti B, et al. Generation and propagation of surface plasmons in periodic metallic structures[J]. Applied Physics Letters, 2004, 85 (16): 3372 - 3374.

[145] Greene B I, Federici J F, Dykaar D R, et al. Picosecond pump and probe spectroscopy utilizing freely propagating terahertz radiation[J]. Optics Letters, 1991, 16(1): 48 - 49.

[146] García de Abajo F J, Sáenz J J, Campillo I, et al. Site and lattice resonances in metallic hole arrays[J]. Optics Express, 2006, 14(1): 7 - 18.

[147] Chang S H, Gray S, Schatz G. Surface plasmon generation and light transmission by isolated nanoholes and arrays of nanoholes in thin metal films[J]. Optics Express, 2005, 13(8): 3150 - 3165.

[148] Pors A, Moreno E, Martin-Moreno L, et al. Localized spoof plasmons arise while texturing closed surfaces[J]. Physical Review Letters, 2012, 108(22): 223905.

[149] Shen X P, Cui T J. Ultrathin plasmonic metamaterial for spoof localized surface plasmons[J]. Laser & Photonics Reviews, 2014, 8(1): 137 - 145.

[150] Liao Z, Pan B C, Shen X P, et al. Multiple Fano resonances in spoof localized surface plasmons[J]. Optics Express, 2014, 22(13): 15710 - 15717.

[151] Yang B J, Zhou Y J, Xiao Q X. Spoof localized surface plasmons in corrugated ring structures excited by microstrip line[J]. Optics Express, 2015, 23 (16): 21434 - 21442.

[152] Zhou Y J, Xiao Q X, Yang B J. Spoof localized surface plasmons on ultrathin textured MIM ring resonator with enhanced resonances[J]. Scientific Reports,

2015, 5: 14819.

[153] Huidobro P A, Shen X P, Cuerda J, et al. Magnetic localized surface plasmons [J]. Physical Review X, 2014, 4(2): 021003.

[154] Liao Z, Luo Y, Fernández-Domínguez A I, et al. High-order localized spoof surface plasmon resonances and experimental verifications[J]. Scientific Reports, 2015, 5: 9590.

[155] Gao F, Gao Z, Zhang Y M, et al. Vertical transport of subwavelength localized surface electromagnetic modes[J]. Laser & Photonics Reviews, 2015, 9(5): 571 – 576.

[156] Novotny L, Hecht B. Principles of nano-optics [M]. Cambridge: Cambridge University Press, 2006.

[157] Gao F, Gao Z, Shi X H, et al. Dispersion-tunable designer-plasmonic resonator with enhanced high-order resonances[J]. Optics Express, 2015, 23(5): 6896 – 6902.

[158] Liao Z, Fernández-Domínguez A I, Zhang J J, et al. Homogenous metamaterial description of localized spoof plasmons in spiral geometries[J]. ACS Photonics, 2016, 3(10): 1768 – 1775.

[159] Xu B Z, Li Z, Liu L L, et al. Non-concentric textured closed surface for huge local field enhancement[J]. Journal of Optics, 2017, 19(1): 015005.

[160] Li Z, Liu L L, Gu C Q, et al. Multi-band localized spoof plasmons with texturing closed surfaces[J]. Applied Physics Letters, 2014, 104(10): 101603.

[161] Xu B Z, Li Z, Gu C Q, et al. Multiband localized spoof plasmons in closed textured cavities[J]. Applied Optics, 2014, 53(30): 6950 – 6953.

[162] Gao Z, Gao F, Zhang Y M, et al. Experimental demonstration of high-order magnetic localized spoof surface plasmons[J]. Applied Physics Letters, 2015, 107 (4): 041118.

[163] Gao Z, Gao F, Zhang B L. High-order spoof localized surface plasmons supported on a complementary metallic spiral structure[J]. Scientific Reports, 2016, 6: 24447.

[164] Gao Z, Gao F, Xu H Y, et al. Localized spoof surface plasmons in textured open metal surfaces[J]. Optics Letters, 2016, 41(10): 2181 – 2184.

[165] Chen L, Wei Y M, Zang X F, et al. Excitation of dark multipolar plasmonic resonances at terahertz frequencies[J]. Scientific Reports, 2016, 6: 22027.

[166] Liao Z, Shen X P, Pan B C, et al. Combined system for efficient excitation and capture of LSP resonances and flexible control of SPP transmissions[J]. ACS Photonics, 2015, 2(6): 738 – 743.

[167] Gao Z, Gao F, Zhang Y M, et al. Forward/backward switching of plasmonic wave propagation using sign-reversal coupling[J]. Advanced Materials, 2017, 29(26): 1700018.

[168] Gao F, Gao Z, Luo Y, et al. Invisibility dips of near-field energy transport in a

spoof plasmonic metadimer[J]. Advanced Functional Materials, 2016, 26(45): 8307 - 8312.

[169] Zhang J J, Liao Z, Luo Y, et al. Spoof plasmon hybridization[J]. Laser & Photonics Reviews, 2017, 11(1): 1600191.

[170] Zhen G, Fei G, Zhang Y M, et al. Deep-subwavelength magnetic-coupling-dominant interaction among magnetic localized surface plasmons[J]. Physical Review B, 2016, 93(19): 195410.

[171] Chen L, Xu N N, Singh L, et al. Defect-induced fano resonances in corrugated plasmonic metamaterials[J]. Advanced Optical Materials, 2017, 5(8): 1600960.

[172] Wang D N, Chen L, Fang B, et al. Spoof localized surface plasmons excited by plasmonic waveguide chip with corrugated disk resonator[J]. Plasmonics, 2017, 12(4): 947 - 952.

[173] Chen L, Liao D G, Guo X G, et al. Terahertz time-domain spectroscopy and micro-cavity components for probing samples: A review [J]. Frontiers of Information Technology & Electronic Engineering, 2019, 20(5): 591 - 607.

[174] Liao Z, Liu S, Ma H F, et al. Electromagnetically induced transparency metamaterial based on spoof localized surface plasmons at terahertz frequencies[J]. Scientific Reports, 2016, 6: 27596.

[175] Li T, Wang S M, Cao J X, et al. Cavity-involved plasmonic metamaterial for optical polarization conversion [J]. Applied Physics Letters, 2010, 97 (26): 261113.

[176] Marcet Z, Chan H B, Carr D W, et al. A half wave retarder made of bilayer subwavelength metallic apertures[J]. Applied Physics Letters, 2011, 98(15): 151107.

[177] Chiang Y J, Yen T J. A composite-metamaterial-based terahertz-wave polarization rotator with an ultrathin thickness, an excellent conversion ratio, and enhanced transmission[J]. Applied Physics Letters, 2013, 102(1): 011129.

[178] Wu S, Zhang Z, Zhang Y, et al. Enhanced rotation of the polarization of a light beam transmitted through a silver film with an array of perforated S-shaped holes [J]. Physical Review Letters, 2013, 110(20): 207401.

[179] Cheng H, Chen S Q, Yu P, et al. Dynamically tunable broadband mid-infrared cross polarization converter based on graphene metamaterial[J]. Applied Physics Letters, 2013, 103(22): 223102.

[180] Li Z F, Mutlu M, Ozbay E. Highly asymmetric transmission of linearly polarized waves realized with a multilayered structure including chiral metamaterials[J]. Journal of Physics D: Applied Physics, 2014, 47(7): 075107.

[181] Huang C P, Wang Q J, Yin X G, et al. Break through the limitation of Malus' law with plasmonic polarizers[J]. Advanced Optical Materials, 2014, 2(8): 723 - 728.

[182] Pfeiffer C, Zhang C, Ray V, et al. Polarization rotation with ultra-thin bianisotropic metasurfaces[J]. Optica, 2016, 3(4): 427 - 432.

[183] Shi J H, Liu X C, Yu S W, et al. Dual-band asymmetric transmission of linear polarization in bilayered chiral metamaterial[J]. Applied Physics Letters, 2013, 102(19): 191905.

[184] Shi H Y, Zhang A X, Zheng S, et al. Dual-band polarization angle independent 90° polarization rotator using twisted electric-field-coupled resonators[J]. Applied Physics Letters, 2014, 104(3): 034102.

[185] Tang J Y, Xiao Z Y, Xu K K, et al. Cross polarization conversion based on a new chiral spiral slot structure in THz region[J]. Optical and Quantum Electronics, 2016, 48(2): 111.

[186] Grady N K, Heyes J E, Chowdhury D R, et al. Terahertz metamaterials for linear polarization conversion and anomalous refraction[J]. Science, 2013, 340(6138): 1304 – 1307.

[187] Cong L Q, Cao W, Zhang X Q, et al. A perfect metamaterial polarization rotator [J]. Applied Physics Letters, 2013, 103(17): 171107.

[188] Lévesque Q, Makhsiyan M, Bouchon P, et al. Plasmonic planar antenna for wideband and efficient linear polarization conversion[J]. Applied Physics Letters, 2014, 104(11): 111105.

[189] Liu D Y, Li M H, Zhai X M, et al. Enhanced asymmetric transmission due to Fabry-Perot-like cavity[J]. Optics Express, 2014, 22(10): 11707 – 11712.

[190] Cheng Y Z, Withayachumnankul W, Upadhyay A, et al. Ultrabroadband reflective polarization convertor for terahertz waves[J]. Applied Physics Letters, 2014, 105(18): 181111.

[191] Song K, Liu Y H, Luo C R, et al. High-efficiency broadband and multiband cross-polarization conversion using chiral metamaterial [J]. Journal of Physics D: Applied Physics, 2014, 47(50): 505104.

[192] Fan R H, Zhou Y, Ren X P, et al. Freely tunable broadband polarization rotator for terahertz waves[J]. Advanced Materials, 2015, 27(7): 1201 – 1206.

[193] Li Z C, Chen S Q, Liu W W, et al. High performance broadband asymmetric polarization conversion due to polarization-dependent reflection[J]. Plasmonics, 2015, 10(6): 1703 – 1711.

[194] Huang C P. Efficient and broadband polarization conversion with the coupled metasurfaces[J]. Optics Express, 2015, 23(25): 32015 – 32024.

[195] Liu W W, Chen S Q, Li Z C, et al. Realization of broadband cross-polarization conversion in transmission mode in the terahertz region using a single-layer metasurface[J]. Optics Letters, 2015, 40(13): 3185 – 3188.

[196] Gansel J K, Thiel M, Rill M S, et al. Gold helix photonic metamaterial as broadband circular polarizer[J]. Science, 2009, 325(5947): 1513 – 1515.

[197] Zhao Y, Belkin M A, Alù A. Twisted optical metamaterials for planarized ultrathin broadband circular polarizers[J]. Nature Communications, 2012, 3(5): 870.

[198] Euler M, Fusco V, Cahill R, et al. 325 GHz single layer sub-millimeter wave FSS based split slot ring linear to circular polarization convertor[J]. IEEE Transactions on Antennas and Propagation, 2010, 58(7): 2457 - 2459.

[199] Khoo E H, Li E P, Crozier K B. Plasmonic wave plate based on subwavelength nanoslits[J]. Optics Letters, 2011, 36(13): 2498 - 2500.

[200] Roberts A, Lin L. Plasmonic quarter-wave plate[J]. Optics Letters, 2012, 37 (11): 1820 - 1822.

[201] Wang F, Chakrabarty A, Minkowski F, et al. Polarization conversion with elliptical patch nanoantennas[J]. Applied Physics Letters, 2012, 101(2): 023101.

[202] Gorodetski Y, Lombard E, Drezet A, et al. A perfect plasmonic quarter-wave plate[J]. Applied Physics Letters, 2012, 101(20): 201103.

[203] Yang B, Ye W M, Yuan X D, et al. Design of ultrathin plasmonic quarter-wave plate based on period coupling[J]. Optics Letters, 2013, 38(5): 679 - 681.

[204] Yu N F, Aieta F, Genevet P, et al. A broadband, background-free quarter-wave plate based on plasmonic metasurfaces[J]. Nano Letters, 2012, 12(12): 6328 - 6333.

[205] Jiang S C, Xiong X, Hu Y S, et al. Controlling the polarization state of light with a dispersion-free metastructure[J]. Physical Review X, 2014, 4(2): 021026.

[206] Ma H F, Wang G Z, Kong G S, et al. Broadband circular and linear polarization conversions realized by thin birefringent reflective metasurfaces [J]. Optical Materials Express, 2014, 4(8): 1717 - 1724.

[207] Cong L Q, Xu N N, Gu J Q, et al. Highly flexible broadband terahertz metamaterial quarter-wave plate[J]. Laser & Photonics Reviews, 2014, 8(4): 626 - 632.

[208] Cong L Q, Xu N N, Han J G, et al. A tunable dispersion-free terahertz metadevice with pancharatnam-berry-phase-enabled modulation and polarization control[J]. Advanced Materials, 2015, 27(42): 6630 - 6636.

[209] 马晓琳. 偏振光的描绘及形态分析[D]. 临汾: 山西师范大学, 2015.

[210] 孙树林, 何琼, 周磊. 电磁超表面[J]. 物理, 2015, 44(6): 366 - 376.

[211] Cui T J, Smith D R, Liu R P. Metamaterials: Theory, design, and applications [M]. Boston, MA: Springer, 2009.

[212] Yu N F, Genevet P, Kats M A, et al. Light propagation with phase discontinuities: Generalized laws of reflection and refraction[J]. Science, 2011, 334(6054): 333 - 337.

[213] Wang D C, Gu Y H, Gong Y D, et al. An ultrathin terahertz quarter-wave plate using planar babinet-inverted metasurface[J]. Optics Express, 2015, 23(9): 11114 - 11122.

[214] Huang L L, Chen X Z, Mühlenbernd H, et al. Dispersionless phase discontinuities for controlling light propagation[J]. Nano Letters, 2012, 12(11): 5750 - 5755.

［215］ Berry M V. The adiabatic phase and pancharatnam's phase for polarized light［J］. Journal of Modern Optics, 1987, 34(11): 1401 - 1407.

［216］ Pancharatnam S. Generalized theory of interference, and its applications［J］. Proceedings of the Indian Academy of Sciences – Section A, 1956, 44(5): 247 - 262.

［217］ Ding X M, Monticone F, Zhang K, et al. Ultrathin pancharatnam-berry metasurface with maximal cross-polarization efficiency［J］. Advanced Materials, 2015, 27(7): 1195 - 1200.

［218］ Zang X F, Liu S J, Cheng Q Q, et al. Lower-order-symmetry induced bandwidth-controllable terahertz polarization converter［J］. Journal of Optics, 2017, 19(11): 115103.

［219］ Landy N I, Sajuyigbe S, Mock J J, et al. Perfect metamaterial absorber［J］. Physical Review Letters, 2008, 100(20): 207402.

［220］ Tao H, Landy N I, Bingham C M, et al. A metamaterial absorber for the terahertz regime: Design, fabrication and characterization［J］. Optics Express, 2008, 16(10): 7181 - 7188.

［221］ Tao H, Bingham C M, Strikwerda A C, et al. Highly flexible wide angle of incidence terahertz metamaterial absorber: Design, fabrication, and characterization［J］. Physical Review B, 2008, 78(24): 241103.

［222］ Landy N I, Bingham C M, Tyler T, et al. Design, theory, and measurement of a polarization insensitive absorber for terahertz imaging［J］. Physical Review B, 2009, 79(12): 125104.

［223］ Wen Q Y, Zhang H W, Xie Y S, et al. Dual band terahertz metamaterial absorber: Design, fabrication, and characterization［J］. Applied Physics Letters, 2009, 95(24): 241111.

［224］ Tao H, Bingham C M, Pilon D, et al. A dual band terahertz metamaterial absorber［J］. Journal of Physics D: Applied Physics, 2010, 43(22): 225102.

［225］ Ma Y, Chen Q, Grant J, et al. A terahertz polarization insensitive dual band metamaterial absorber［J］. Optics Letters, 2011, 36(6): 945 - 947.

［226］ Shen X P, Yang Y, Zang Y Z, et al. Triple-band terahertz metamaterial absorber: Design, experiment, and physical interpretation［J］. Applied Physics Letters, 2012, 101(15): 154102.

［227］ Ye Y Q, Jin Y, He S L. Omnidirectional, polarization-insensitive and broadband thin absorber in the terahertz regime［J］. Journal of the Optical Society of America B, 2010, 27(3): 498 - 504.

［228］ Shi C, Zang X F, Wang Y Q, et al. A polarization-independent broadband terahertz absorber［J］. Applied Physics Letters, 2014, 105(3): 031104.

［229］ Zang X F, Shi C, Chen L, et al. Ultra-broadband terahertz absorption by exciting the orthogonal diffraction in dumbbell-shaped gratings［J］. Scientific Reports, 2015, 5: 8901.

[230] Shen X P, Cui T J. Photoexcited broadband redshift switch and strength modulation of terahertz metamaterial absorber[J]. Journal of Optics, 2012, 14 (11): 114012.

[231] Shan Y, Chen L, Shi C, et al. Ultrathin flexible dual band terahertz absorber[J]. Optics Communications, 2015, 350: 63 - 70.

[232] Chen H T. Interference theory of metamaterial perfect absorbers[J]. Optics Express, 2012, 20(7): 7165 - 7172.

[233] Hunsche S, Koch M, Brener I, et al. THz near-field imaging[J]. Optics Communications, 1998, 150(1 - 6): 22 - 26.

[234] Federici J F, Mitrofanov O, Lee M, et al. Terahertz near-field imaging[J]. Physics in Medicine and Biology, 2002, 47(21): 3727 - 3734.

[235] Chen H T, Kersting R, Cho G C. Terahertz imaging with nanometer resolution [J]. Applied Physics Letters, 2003, 83(15): 3009 - 3011.

[236] Pendry J B. Negative refraction makes a perfect lens[J]. Physical review letters, 2000, 85(18): 3966 - 3969.

[237] Pendry J B, Ramakrishna S A. Focusing light using negative refraction[J]. Journal of Physics: Condensed Matter, 2003, 15(37): 6345 - 6364.

[238] Fang N, Lee H, Sun C, et al. Sub-diffraction-limited optical imaging with a silver superlens[J]. Science, 2005, 308(5721): 534 - 537.

[239] Melville D O S, Blaikie R J. Near-field optical lithography using a planar silver lens[J]. Journal of Vacuum Science & Technology B: Microelectronics and Nanometer Structures, 2004, 22(6): 3470 - 3474.

[240] Taubner T, Korobkin D, Urzhumov Y, et al. Near-field microscopy through a SiC superlens[J]. Science, 2006, 313(5793): 1595.

[241] Blaikie R J, Melville D O S. Imaging through planar silver lenses in the optical near field[J]. Journal of Optics A: Pure and Applied Optics, 2005, 7(2): S176 - S183.

[242] Ahmadlou M, Kamarei M, Sheikhi M H. Negative refraction and focusing analysis in a left-handed material slab and realization with a 3D photonic crystal structure [J]. Journal of Optics A: Pure and Applied Optics, 2006, 8(2): 199 - 204.

[243] Grbic A, Eleftheriades G V. Overcoming the diffraction limit with a planar left-handed transmission-line lens[J]. Physical Review Letters, 2004, 92 (11): 117403.

[244] Guenneau S, Ramakrishna S A, Enoch S, et al. Cloaking and imaging effects in plasmonic checkerboards of negative ϵ and μ and dielectric photonic crystal checkerboards[J]. Photonics and Nanostructures-Fundamentals and Applications, 2007, 5(2 - 3): 63 - 72.

[245] Lee H, Liu Z W, Xiong Y, et al. Design, fabrication and characterization of a far-field superlens[J]. Solid State Communications, 2008, 146(5/6): 202 - 207.

[246] Liu Z W, Durant S, Lee H, et al. Far-field optical superlens[J]. Nano Letters,

2007, 7(2): 403 - 408.

[247] Durant S, Liu Z W, Fang N, et al. Theory of optical imaging beyond the diffraction limit with a far-field superlens[J]. Journal of the Optical Society of America B, 2006, 6323(5): 63231H.

[248] Xiong Y, Liu Z W, Sun C, et al. Two-dimensional imaging by far-field superlens at visible wavelengths[J]. Nano Letters, 2007, 7(11): 3360 - 3365.

[249] Jacob Z, Alekseyev L V, Narimanov E. Optical Hyperlens: Far-field imaging beyond the diffraction limit[J]. Optics Express, 2006, 14(18): 8247 - 8256.

[250] Li J, Yang C J, Zhao H B, et al. Plasmonic focusing in spiral nanostructures under linearly polarized illumination[J]. Optics Express, 2014, 22(14): 16686 - 16693.

[251] Yang S Y, Chen W B, Nelson R L, et al. Miniature circular polarization analyzer with spiral plasmonic lens[J]. Optics Letters, 2009, 34(20): 3047 - 3049.

[252] Lin J, Mueller J P B, Wang Q, et al. Polarization-controlled tunable directional coupling of surface plasmon polaritons[J]. Science, 2013, 340(6130): 331 - 334.

[253] Zang X F, Mao C X, Guo X G, et al. Polarization-controlled terahertz super-focusing[J]. Applied Physics Letters, 2018, 113(7): 071102.

[254] Zenhausern F, Martin Y, Wickramasinghe H K. Scanning interferometric apertureless microscopy: Optical imaging at 10 angstrom resolution[J]. Science, 1995, 269(5227): 1083 - 1085.

[255] Knoll B, Keilmann F. Enhanced dielectric contrast in scattering-type scanning near-field optical microscopy[J]. Optics Communications, 2000, 182(4/5/6): 321 - 328.

[256] Hillenbrand R, Keilmann F. Complex optical constants on a subwavelength scale [J]. Physical Review Letters, 2000, 85(14): 3029 - 3032.

[257] Raether H. Surface plasmons on smooth and rough surfaces and on gratings[M]. Berlin: Springer, 1988.

[258] Novotny L, Bian R X, Xie X S. Theory of nanometric optical tweezers[J]. Physical Review Letters, 1997, 79(4): 645 - 648.

[259] Meng L Y, Yang Z L, Chen J N, et al. Effect of electric field gradient on sub-nanometer spatial resolution of tip-enhanced Raman spectroscopy[J]. Scientific Reports, 2015, 5: 9240.

[260] Noguez C. Surface plasmons on metal nanoparticles: the influence of shape and physical environment[J]. The Journal of Physical Chemistry C, 2007, 111(10): 3806 - 3819.

[261] Keilmann F, Huber A J, Hillenbrand R. Nanoscale conductivity contrast by scattering-type near-field optical microscopy in the visible, infrared and THz domains[J]. Journal of Infrared, Millimeter, and Terahertz Waves, 2009, 30 (12): 1255 - 1268.

[262] Hecht B. Near-field optics seen as an antenna problem[C]//2007 Conference on

Lasers and Electro-Optics-Pacific Rim. IEEE, 2007.

[263] Hillenbrand R, Knoll B, Keilmann F. Pure optical contrast in scattering-type scanning near-field microscopy[J]. Journal of Microscopy, 2001, 202(1): 77 – 83.

[264] Ocelic N, Huber A, Hillenbrand R. Pseudoheterodyne detection for background-free near-field spectroscopy[J]. Applied Physics Letters, 2006, 89(10): 101124.

[265] Carney P S, Deutsch B, Govyadinov A A, et al. Phase in nanooptics[J]. ACS Nano, 2012, 6(1): 8 – 12.

[266] Jackson J D. Classical Electrodynamics[M]. 2th ed. New York: Wiley, 1975.

[267] Knoll B, Keilmann F. Mid-infrared scanning near-field optical microscope resolves 30 nm[J]. Journal of Microscopy, 1999, 194(2/3): 512 – 515.

[268] Hamann H F, Gallagher A, Nesbitt D J. Enhanced sensitivity near-field scanning optical microscopy at high spatial resolution[J]. Applied Physics Letters, 1998, 73 (11): 1469 – 1471.

[269] Haefliger D, Plitzko J M, Hillenbrand R. Contrast and scattering efficiency of scattering-type near-field optical probes[J]. Applied Physics Letters, 2004, 85 (19): 4466 – 4468.

[270] Esteban R, Vogelgesang R, Kern K. Simulation of optical near and far fields of dielectric apertureless scanning probes[J]. Nanotechnology, 2006, 17(2): 475 – 482.

[271] Esteban R, Vogelgesang R, Kern K. Tip-substrate interaction in optical near-field microscopy[J]. Physical Review B, 2007, 75(19): 195410.

[272] Knoll B, Keilmann F, Kramer A, et al. Contrast of microwave near-field microscopy[J]. Applied Physics Letters, 1997, 70(20): 2667 – 2669.

[273] Labardi M, Patanè S, Allegrini M. Artifact-free near-field optical imaging by apertureless microscopy[J]. Applied Physics Letters, 2000, 77(5): 621 – 623.

[274] Eisele M, Cocker T L, Huber M A, et al. Ultrafast multi-terahertz nano-spectroscopy with sub-cycle temporal resolution[J]. Nature Photonics, 2014, 8 (11): 841 – 845.

[275] Huber A J, Keilmann F, Wittborn J, et al. Terahertz near-field nanoscopy of mobile carriers in single semiconductor nanodevices[J]. Nano Letters, 2008, 8 (11): 3766 – 3770.

[276] Moon K, Do Y, Lim M, et al. Quantitative coherent scattering spectra in apertureless terahertz pulse near-field microscopes[J]. Applied Physics Letters, 2012, 101(1): 011109.

[277] Moon K, Park H, Kim J, et al. Subsurface nanoimaging by broadband terahertz pulse near-field microscopy[J]. Nano letters, 2014, 15(1): 549 – 552.

[278] Dean P, Mitrofanov O, Keeley J, et al. Apertureless near-field terahertz imaging using the self-mixing effect in a quantum cascade laser[J]. Applied Physics Letters, 2016, 108(9): 091113.

[279] Kuschewski F, von Ribbeck H G, Döring J, et al. Narrow-band near-field

nanoscopy in the spectral range from 1.3 to 8.5 THz[J]. Applied Physics Letters, 2016，108(11)：113102.

[280] DegI′ Innocenti R，Wallis R，Wei B B，et al. Terahertz nanoscopy of plasmonic resonances with a quantum cascade laser[J]. ACS Photonics，2017，4(9)：2150 - 2157.

[281] Liewald C，Mastel S，Hesler J，et al. All-electronic terahertz nanoscopy[J]. Optica，2018，5(2)：159 - 163.

[282] 彭涛,朱亦鸣,游冠军.散射型近场扫描光学显微镜的探针振动参数优化研究[J]. 光学仪器,2019,41(2)：60 - 65.

[283] 岳东东,游冠军,散射式太赫兹扫描近场光学显微技术研究[J].光学仪器,2020, 42(2)：64 - 69.

[284] Hall J E，Wiederrecht G P，Gray S K，et al. Heterodyne apertureless near-field scanning optical microscopy on periodic gold nanowells[J]. Optics express，2007, 15(7)：4098 - 4105.

[285] Zhang J W，Chen X Z，Mills S，et al. Terahertz Nanoimaging of Graphene[J]. ACS Photonics，2018，5(7)：2645 - 2651.

索引

B

表面波　4,7,8,10,12,29－31,41,
63,72,76－80,82,87,161

C

超表面　29－31,39,43,111,113,114,
117,119－122,127－129,143,144
超分辨聚焦　148,176
传播波矢　9,10
磁谐振　90,104,108,109,139

D

电磁诱导透明　54,59,68
电谐振　90,104,107,139
多极子　92－96,98,109
多米诺等离激元　31,35

F

分裂环形谐振器　29,39
分裂双环槽　122,123,125－128

G

共面波导　26,27,43,99
古斯-汉欣位移　67
光栅　3,20,23－25,36,77,114,115,
119,172
光子晶体板　69,71
光子能带　76,79,83

J

截止频率　4,25,47,53,54,61,91,94
介质波导　25,26,32
介质探针　19,20,166
金属凹槽　4,92
近场探针　36,157

K

空间传输波　29
空气间隙　49－52